Martin Schaller

Geographieunterricht 4.0

Chancen und Risiken digitaler Medien für die Arbeit im Geographieunterricht

Bibliografische Information der Deutschen Nationalbibliothek:

Die Deutsche Nationalbibliothek verzeichnet diese Publikation in der Deutschen Nationalbibliografie; detaillierte bibliografische Daten sind im Internet über http://dnb.d-nb.de abrufbar.

Impressum:

Copyright © ScienceFactory

Ein Imprint der Open Publishing GmbH

Druck und Bindung: Books on Demand GmbH, Norderstedt, Germany

Covergestaltung: Open Publishing GmbH

Inhaltsverzeichnis

Hinweis 4

Abkürzungsverzeichnis 5

Abbildungsverzeichnis 6

1 Einleitung 7

    1.1 Problemstellung 7

    1.2 Annäherung an die Forschungsfrage 8

    1.3 Methodik und Aufbau der Arbeit 10

2 Theoretische Grundlagen 12

    2.1 Geographie als Wissenschaft und Schulfach 12

    2.2 Lerntheoretische Hintergründe 15

    2.3 Medien im Geographieunterricht 23

3 Chancen und Risiken digitaler Medien für die Arbeit im Geographieunterricht 36

    3.1 Onlinebasierte Lernumgebung am Bsp. „geo:spektiv" 37

    3.2 Lern-Apps für Tablet und Smartphone am Beispiel der App „Dynamic Plates" 44

    3.3 Virtual Reality am Beispiel der App „Expeditions" 51

    3.4 Augmented Reality am Beispiel der App „TamAR" 60

4 Fazit und Ausblick 68

5 Quellenangaben 74

Hinweis

Aus Gründen der besseren Lesbarkeit wurde im Text ausschließlich die männliche Form gewählt, nichtsdestotrotz beziehen sich alle Personenangaben auf Angehörige beider Geschlechter.

Abkürzungsverzeichnis

App	Application (englisch) bzw. Anwendung (deutsch)
AR	Augmented Reality
BNE	Bildung für nachhaltige Entwicklung
Bsp.	Beispiel
BYOD	Bring Your Own Device
bzw.	beziehungsweise
DGfG	Deutsche Gesellschaft für Geographie
GIS	Geoinformationssystem
KMK	Kultusminister Konferenz
M.S.	Martin Schaller
SuS	Schülerinnen und Schüler
VR	Virtual Reality
z.B.	zum Beispiel

Abbildungsverzeichnis

Abbildung 1: Klassifikation von Unterrichtsmedien 24

Abbildung 2: Voraussetzungen selbstregulierten Lernens 31

1 Einleitung

1.1 Problemstellung

Der private wie berufliche Alltag der Menschen wird zunehmend von einer immer schneller fortschreitenden Digitalisierung und Vernetzung aller Lebensbereiche geprägt.[1] Und auch die Geographie als Unterrichtsfach der allgemeinbildenden Schulen kann sich nicht vor den Realitäten und (Bildungs-)Ansprüchen einer digitalen Zukunft verschließen. Einerseits, da in der Geographie als Zentrierungsfach Erkenntnisse und Methoden anderer von der Digitalisierung betroffener Fächer zusammenfließen und zum anderen, da die Geographie selbst auf vielfältige Art und Weise von jener beeinflusst wird. Wissenschaftlich-geographische Methoden, Arbeitsmittel und Medien erfuhren durch den technischen Fortschritt der letzten Jahrzehnte eine deutliche Pluralisierung im Sinne einer quantitativen Zunahme und qualitativen Aufwertung.[2] Insbesondere nennt die Fachliteratur Methoden der sekundären Datenaufnahme (z.B. Datengewinnung aus GIS, Luft- oder Satellitenbildern), der Datengewinnung im Labor (z.B. chemischen Analysen, Datierungen), sowie der Datenanalyse und Datenaufbereitung (z.B. Systemanalysen mithilfe komplizierter mathematisch-statistischer Verfahren aus großen Datenmengen), welche sich heute der neuen Möglichkeiten moderner Hard- und Software bedienen. Die Ergebnisse geographischer Arbeit werden mithilfe des Internets der weltweiten Forschergemeinde zugänglich gemacht.[3] Auch bedingen bildungspolitische Vorgaben einen Wandel des Schulunterrichts. Die KMK betont, dass die Beherrschung von Computer-, Informations- und Kommunikationstechnologie heute eine elementare Kulturtechnik zur Teilhabe an Politik, Kultur und Gesellschaft, sowie zum Bestehen der Anforderungen der gegenwärtigen und zukünftigen Welt darstellt.[4,5] Das Strategiepapier „Bildung in einer digitalen Welt" der KMK defi-

---

[1] Digitalisierung und Vernetzung ermöglichen losgelöst von Ort und Zeit globale Kommunikation und Zugriff auf nahezu unendliche Informationsquellen. Digitale Medien, Programme und Plattformen erlauben neue schöpferische und gesellschaftliche Prozesse und Austauschformen (vgl.: Hilbert, M. & Lopez, P. (2011), S. 5ff). Die Wirtschaftsforscher Frey und Osborne prophezeien in ihrer vielbeachteten Studie den Wegfall von 47 Prozent aller Arbeitsplätze in den USA in den nächsten 10 bis 20 Jahren infolge ihrer Automatisierung durch Robotern oder intelligenter Software (vgl.: Frey & Osborne (2013), S. 38ff).
[2] Vgl.: Reuber, P. & Pfaffenbach, C. (2005), S. 15ff
[3] Vgl.: Kestler, F. (2015), S. 24ff
[4] KMK (2016), S. 3ff

niert verbindliche Unterrichtsleitlinien, die im Ziel „*individuelles und selbstgesteuertes Lernen fördern, Mündigkeit, Identitätsbildung und das Selbstbewusstsein stärken, sowie [den SuS, M.S.] die selbstbestimmte Teilhabe an der digitalen Gesellschaft ermöglichen.*" Dazu soll „*möglichst bis 2021 jede Schülerin und jeder Schüler jederzeit, wenn es aus pädagogischer Sicht im Unterrichtsverlauf sinnvoll ist, eine digitale Lernumgebung und einen Zugang zum Internet nutzen können*"[6]. Entsprechende Didaktik fordert eine stärkere Gewichtung der „*lernbegleitenden Funktionen der Lehrkräfte*"[7] und der „*Verantwortung für die Gestaltung des eigenen Lernens und (...) Selbstständigkeit [seitens der SuS, M.S.]*"[8]. Derartige digitale Lernumgebungen bedürfen jedoch „*einer Neuausrichtung der bisherigen Unterrichtskonzepte*"[9] und des Verständnisses über Medieneinsatz und -nutzung.[10] Dies stellt Lehrende hinsichtlich einer qualitätsvollen Unterrichtsgestaltung, des Lehrerhandelns, sowie den eigenen medialen Qualifikationen und Kompetenzen vor große Herausforderungen.[11]

1.2 Annäherung an die Forschungsfrage

Doch Bildungstrends sind unter Umständen nicht nur problematisch zu bewerten, sondern können auch Lösungen zutage fördern, mit denen neue und alte Probleme überwunden werden können. Heute findet sich im Internet zu nahezu jedem Unterrichtsthema aktuelles Text-, Bild- und Videomaterial. Durch Ergänzung klassischer Medien um digitale Medieninhalte kann das Defizit klassischer Medien hinsichtlich deren Aktualität ausgeglichen werden. Digitale Medien bringen die ganze Welt ins Klassenzimmer. Sie dienen zur Konstruktion authentischer problemorientierter Lernsituationen und schaffen eine Voraussetzung für die Ausei-

---

[5] Strategiepapiere wie „Digitale Bildung - Der Schlüssel zu einer Welt im Wandel" des Bundesministerium für Wirtschaft und Energie (2016), „Bildungsoffensive für die digitale Wissensgesellschaft" des Bundesministerium für Bildung und Forschung (2016) oder „Bildung in einer digitalen Welt" der KMK (2016) betonen die außerordentliche bildungspolitische Bedeutung der Qualifizierung für die digitale und vernetzte Welt als integralen Bestandteil der Schul-, Hochschul-, Aus- und Weiterbildung und richten zukunftsorientierte Forderungen und Richtlinien an Akteure aus Politik, Bildung und Wirtschaft.
[6] KMK (2016), S. 11
[7] Ebd., S. 13
[8] Ebd., S. 13
[9] Ebd., S. 13
[10] Vgl.: ebd., S. 12ff
[11] Vgl.: Blömeke, S. & Buchholtz, C. (2005), S. 91

nandersetzung mit aktuellen gesellschaftlichen Herausforderungen.[12] Interaktive Lernsoftware gestattet Lernenden beispielsweise das Anhalten, Vor- und Zurückspulen von Videos oder Animationen. Dies erleichtert den SuS das Verständnis komplexer Prozesse und leistet einen Betrag zur Individualisierung und Effizienzsteigerung des Lernens.[13] Adaptive Lernplattformen mit intelligenten Bewertungs- und Feedbackfunktionen ermöglichen neue Formen selbsttätigen Lernens und zielen neben der Vermittlung von Fachwissen auf den Aufbau methodischer, medialer und personeller Kompetenzen.[14] VR dient der Überbrückung raumzeitlicher Distanzen und bringt den Lerngegenstand zum Lernenden.[15] AR ergänzt beispielsweise Lehrbücher um zusätzliche virtuelle Inhalte und erhöht deren Informationsgehalt, Anschaulichkeit, sowie Zugänglichkeit für verschiedene Lerntypen.[16] Dies zeigt, dass die Auseinandersetzung mit der Rolle und Wirkung digitaler Medien für Unterricht, Lernen und Lernprozesse einen wesentlichen Stellenwert für die Lehrerarbeit haben sollte. Das führt zur Motivation, die Chancen und Risiken digitaler Medien für die Arbeit im Geographieunterricht zu untersuchen. Die zentrale Fragestellung dieser Arbeit lässt sich in weitere Unterforschungsfragen ausdifferenzieren:

- Welchen didaktisch-methodischen Prinzipien unterliegt Geographie? Worin begründen sich diese Unterrichtsprinzipien?
- Welche Bedeutung haben Medien für Unterricht, Lernen und Lernprozesse?
- Welche Merkmale zeichnen klassische und digitale Medien aus? Welche Vor- und Nachteile folgen aus dem Lernen mit digitalen Medien? Womit kann der Einsatz digitaler Medien im Geounterricht legitimiert werden.

---

[12] Vgl.: mebis Landesmedienzentrum Bayern (o. J.), https://www.mebis.bayern.de/infoportal/faecher/gesellschaft-und-wirtschaft/geographie/digitale-medien-im-geographieunterricht-2/ [letzter Zugriff: 08.01.2018]

[13] Vgl.: Ringel, G. (2012), S. 178

[14] Vgl.: mebis Landesmedienzentrum Bayern (o. J.), https://www.mebis.bayern.de/infoportal/faecher/gesellschaft-und-wirtschaft/geographie/digitale-medien-im-geographieunterricht-2/ [letzter Zugriff: 08.01.2018]

[15] Vgl.: Oxford University Press, https://en.oxforddictionaries.com/definition/virtuareality/ [letzter Zugriff: 08.01.2018]

[16] Vgl.: Herzig, B. (2017), S. 35ff

- Welche Chancen und Risiken für die Arbeit im Geographieunterricht können aus der Verwendung digitaler Medien abgeleitet werden?

1.3 Methodik und Aufbau der Arbeit

Die vorliegende Arbeit nimmt mit der onlinebasierten Lernplattform „geo:spektiv", der Lern-App „Dynamic Plates", der VR-Software „Expeditions" und der AR-App „TamAR" vier Lernmedien unter der Fragestellung in den Blick, inwiefern diese in den Geographieunterricht integriert werden können, welche Leistungen sie dabei für Unterricht und Lernen erbringen und welche didaktischen Herausforderungen auftreten können.

Es handelt sich um eine Theoriearbeit. Die Analyse, die sie anstrebt, ist argumentativ-deduktiver Art und wird anhand thematisch relevanter Forschungsliteratur vorgenommen. Bei der Thematik handelt es sich um relatives Neuland. Zwar wurden bisher vielfältige allgemeine Abhandlungen über die prinzipielle Eignung, sowie über die Vorzüge und Herausforderungen digitaler Medien im Schulunterricht verfasst, jedoch wurden diese Aussagen selten anhand konkreter Untersuchungen von Medien und noch seltener im Kontext der speziellen Ziele und Anforderungen des Geographieunterrichts belegt. Aus diesem Grund wird auch auf Literatur und empirische Befunde aus den Forschungsfeldern Medienpädagogik und E-Learning zurückgegriffen, um deren Erkenntnisse auf die Geographiedidaktik zu übertragen. Die Untersuchung wird von folgenden einschränkenden Parametern begrenzt: Bildungs- und Erziehungsziele des Faches Geographie, sowie methodische Forderungen an den Unterricht werden auf Bundesebene (gerade in Bezug zur Digitalisierung des Lernens) auf Basis der KMK-Strategiepapiere und auf Landesebene auf Grundlage des Sächsischen Lehrplanes des Fach Geographie für die Oberschule herausgearbeitet.

Eine Annäherung an die Forschungsfragen erfolgt über die folgende Betrachtungsebenen: Kapitel 2 dient der Erläuterung der theoretischen Grundlagen des Forschungsfeldes. In Unterkapitel 2.1 wird eine Bestandsaufnahme der Bildungs- und Erziehungsziele des Faches Geographie vorgenommen. In Unterkapitel 2.2 wird auf Basis lerntheoretischer Hintergründe die Bedeutung von Medien, sowie von Interesse und Motivation für Lernen und Lernprozesse dargelegt. Des Weiteren werden auf Grundlage der geographischen Lernziele und -inhalte bewährte Unterrichtsprinzipien des Faches erläutert. Unterkapitel 2.3 zeigt eine Übersicht und die Funktionen geographischer Unterrichtsmedien auf, um dem folgend die Leistungen und Defizite klassischer und digitaler Medien herauszuarbeiten. Der gesamte Fundus an Erkenntnissen wird in Kapitel 3 zusammengeführt, um darauf aufbauend eine Chancen-Risiko-Analyse der Verwendung digitalen Medien im Geographieunterricht vorzunehmen. Dazu werden die vier Medien „geo:spektiv", „Dynamic Plates", „Expeditions" und „TamAR" hinsichtlich ihrer Merkmale, sowie Aspekten ihrer Verwendung untersucht. Auf Grundlage dieser Untersuchung werden die Medien hinsichtlich ihrer Passung zu den Lernzielen des Faches, der Unterstützung der fachlichen Unterrichtsprinzipien, sowie möglichen Problemen analysiert und bewertet. Diese Ergebnisse werden abschließend auf die Formulierung beispielhafte Unterrichtsvarianten übertragen. Kapitel 4 zieht eine Bilanz über die vorangegangenen Analysen und gibt abschließende handlungsleitende Empfehlungen.

2 Theoretische Grundlagen

Als Grundlage der Untersuchung der Eignung digitaler Medien für die Arbeit im Geographieunterricht erfolgt vorab eine Bestandsaufnahme des gegenwärtigen Verständnisses geographischer Bildung und Erziehung, sowie des Unterrichtens im Fach Geographie. Methodisch-mediale Entscheidungen im Rahmen der Unterrichtsplanung können nur auf Grundlage von Kenntnissen über Lernen und Lernprozesse erfolgen. Daher ist die Untersuchung der Bedeutung von Medien für Unterricht und Lernen ein wichtiger Ausgangspunkt zur Analyse der Leistung klassischer und digitaler Unterrichtsmedien im Fach Geographie. Außerdem sollen Aspekte aufgezeigt werden, welche einen kritischen Medienumgang und die Notwendigkeit von Medienkompetenz bedingen.

2.1 Geographie als Wissenschaft und Schulfach

Die didaktisch-methodische Unterrichtsplanung wird neben Faktoren auf Ebene der Lerner von den fachlichen und überfachlichen Bildungs- und Erziehungszielen bestimmt. Gegenstand dieses Kapitels ist es, die Ziele und Inhalte des Geographieunterrichts, sowie die Besonderheiten geographischen Lehrens und Lernens aufzuzeigen.

2.1.1 Gegenstand und Ziele der Wissenschaft Geographie

Kestler verweist darauf, dass die Grundlage eines Schulfaches immer in seiner Fachwissenschaft liegt, wobei sich deren Erkenntnisse, Fragestellungen, Perspektiven und Fachmethoden auf das Schulfach auswirken und dessen fachliche Bildungsziele beeinflussen.[17] Daher ist es zunächst notwendig sich mit der Fachwissenschaft Geographie auseinanderzusetzen um sich dem Kern des Schulfaches Geographie anzunähern. Borsdorf definiert die Wissenschaft Geographie wie folgt:

---

[17] Vgl.: Kestler, F. (2015), S. 18

> „Die Geographie erfasst, beschreibt und erklärt die Geosphäre im Ganzen und in ihren Teilen nach Lage, Stoff, Form und Struktur, nach dem Wirkungsgefüge von Kräften, das in ihr wirksam ist und nach der Entwicklung, die zu den gegenwärtigen Erscheinungsformen und -strukturen geführt hat. Als angewandte Geographie schreibt sie die Entwicklungen in die Zukunft fort, bewertet diese und versucht, Hilfen für die Gestaltung des Raumes in der Zukunft zu geben."[18]

Allerdings ist der Erdraum von seinem Erdinneren bis hoch in die Atmosphäre viel zu groß, vielfältig und komplex ist, als das er in der Gesamtheit erforscht werden kann. Der regionalgeographische Ansatz unterteilt den Erdraum in funktionale Einheiten aller Geofaktoren und untersucht diese hinsichtlich ihrer Individualität. Der allgemeingeographische Ansatz untersucht die Erdräume hinsichtlich der einzelnen Geofaktoren und versucht übertragbare Regelhaftigkeiten abzuleiten. Dabei wird in die physische Geographie, welche die Erforschung der natürlichen Umwelt ins Zentrum stellt, und die anthropologischen Geographie, welche das raumbezogene menschliche Handeln untersucht, untergliedert.[19]

2.1.2 Lehr- und Lernziele des Schulfaches Geographie

Kestler betont weiter, dass ein Schulfach nie nur das verkleinerte Abbild seiner Fachwissenschaft und ihrer Teildisziplinen darstellen darf, denn dies ließe den Erziehungsauftrag der Institution Schule außen vor. Deshalb werden die fachlichen Bildungsziele immer um Ziele auf der Werte-, Normen- und Verhaltensebene ergänzt, welche die fachlichen Erziehungsziele beschreiben.[20] Die Ziele und Aufgaben des Fach Geographie als Beitrag zur allgemeinen Bildung und Erziehung, sowie fachspezifische Ziele und Lerninhalte der Klassenstufen sind in den Lehrplänen der Bundesländer definiert. Der sächsische Lehrplan unterscheidet die Zielebenen geographischen Bildung und Erziehung in Fachwissen, Fähigkeiten, sowie Werte und Normen.[21] Diese Kompetenzzielorientierung strebt die Aneignung anwendungsfähigen Wissens an, also auf Kenntnissen und Erfahrungen aufbauende Fähigkeiten und Fertigkeiten, die zielführendes Handeln, sowie bewusstes Reflektieren von Einstellungen und Werten ermöglichen.[22] Fachwissen (Richt-

---

[18] Borsdorf, A. (1999), S. 88
[19] Vgl.: Kestler, F. (2015), S. 18ff
[20] Vgl.: ebd., S. 30
[21] Vgl.: Sächsisches Staatsministerium für Kultus (2009), S. 2ff
[22] Vgl.: Rinschede, G. (2007), S. 305

ziel: *Kenntnis von Raumstrukturen und Raumprozessen, sowie topographischen Orientierungswissens und räumlicher Ordnungsvorstellungen*[23]) bildet dabei die Grundlage zur Anwendung fachmethodischer Kompetenzen (Richtziel: *Aneignung geographischer Denk- und Arbeitsweisen, sowie Kommunikationsfähigkeit unter Anwendung des Fachwortschatzes*[24]), welche zu einer raum- und sozialgerechten Handlungsbefähigung und Handlungsbereitschaft (Richtziel: *raumbezogene Handlungs- und Sozialkompetenz*[25]), sowie zur Ausbildung einer verantwortungsbewussten und solidarischen Werthaltung führen sollen.[26] Mit Verweis auf die „Bildungsstandards im Fach Geographie" der Deutschen Gesellschaft für Geographie müssen die Ziele geographischer Bildung und Erziehung des sächsischen Lehrplanes um Moralkompetenz ergänzt werden, welche sich in der „*Aufgeschlossenheit für ethische Kategorien, Schönheit und Vielfalt der Natur, Anerkennung der Gleichwertigkeit aller Völker und Kulturen sowie der Gleichberechtigung aller Menschen*"[27] äußert.[28] Die DGfG beschreibt das übergeordnete Richtziel des Geographieunterrichts insgesamt als „*Einsicht in die Zusammenhänge zwischen natürlichen Gegebenheiten und gesellschaftlichen Aktivitäten in verschiedenen Räumen der Erde und eine darauf aufbauende raumbezogene Handlungskompetenz.*"[29] Köck fasst das oberste Richtziel mit Raumverhaltenskompetenz zusammen, der „*Fähigkeit und Bereitschaft zu autonomen, effektiven und geosystemisch adäquatem erdraumbezogenen Verhalten.*"[30] Die Leistung des Schulfaches Geographie besteht folglich darin, dass es als Schnittstelle zwischen Welt, Wissenschaft und Gesellschaft fungiert, indem es räumbedeutsame Themen, Perspektiven, Fragestellungen, Erkenntnisse und Lösungsansätze an die SuS heranträgt.[31]

Geographie leistet nicht nur mit der Vermittlung topographischen Orientierungswissens und räumlicher Ordnungsvorstellungen zur Befähigung zur freien Bewegung in Heimatraum und Welt einen wichtigen Beitrag zur Mündigmachung der

---

[23] Sächsisches Staatsministerium für Kultus (2009), S. 2f
[24] Ebd., S. 2f
[25] Ebd., S. 2f
[26] Vgl.: ebd., S. 2f
[27] Rinschede (2007), S. 144
[28] Vgl.: ebd., S. 144
[29] DGfG (2012), S. 5
[30] Köck (2005), S. 210
[31] Vgl.: Kestler, F. (2015), S. 28

SuS. Geographie rückt die Schlüsselprobleme unserer Zeit in das Bewusstsein der Menschen und führt ihnen die Bedeutung der Umwelt als Lebensgrundlage, sowie die Reichweite ihrer Eingriffe auf Gestalt und Funktionsfähigkeit der Ökosysteme vor Augen. Das Verständnis geowissenschaftlicher Phänomene, Prozesse und Entwicklungen im Schnittpunkt zwischen Natur und Gesellschaft, sowie derer Relevanz für das Leben auf Erden ist essentiell für das Verständnis der Welt, des Lebens in Gesellschaft und Beruf oder der Notwendigkeit des eigenen umwelt-, sozial- und zukunftsorientierten raumwirksamen Handelns.[32]

2.2 Lerntheoretische Hintergründe

Lehren setzt ein grundsätzliches Verständnis über Lernen und Lernprozesse voraus. Die spezifischen Bildungs- und Erziehungsziele der Geographie stellen dabei besondere Anforderungen an die Didaktik der Geographie, welche sich in den Unterrichtsprinzipien des Faches wiederspiegeln.

2.2.1 Lernen und Lerntheorien

Zimbardo und Gerrig definiert Lernen als einen Prozess, bei dem das Individuum durch aktive Auseinandersetzung mit seiner Umwelt – also durch Aufnahme, Verarbeitung und Auswertung von Umweltreizen und Informationen – neue Verhaltensmuster und Verhaltenspotentiale aufbaut. Eine Lernhandlung kann in den Dimensionen Wissen und kognitive Strukturen, Emotionen, Affekte, Motive und Werte, Sozialverhalten und Handlungsfähigkeit erfolgen. Ihr Ergebnis – die Verhaltensänderung – muss sich nicht unmittelbar an das Lernerlebnis anschließen, sondern kann sich ebenso erst in zukünftigen Situationen zeigen.[33]

Lerntheorien als Teil der Lernpsychologie untersuchen den Lernprozess an sich. Steindorf unterscheidet diesbezüglich zwischen behavioristischen Theorien (Behaviorismus), welche Lernen als außenimplizierte Reaktion auf Umweltreize annehmen und kognitiven Theorien (Kognitivismus und Konstruktivismus), welche Lernen als aktiven und selbstgesteuerten Prozess verstehen, dem ein Problemlösen bzw. Handeln vorausgeht.[34] Obwohl sich beide Ansätze als gegensätzlich dar-

---

[32] Vgl.: DGfG (o. J.), http://geographie.de/studium-fortbildung/geographie-eine-disziplin-stellt-sich-vor/ [letzter Zugriff: 08.01.2018]
[33] Vgl.: Zimbardo, P. G. & Gerrig, R. J. (1999), S. 206f
[34] Vgl.: Steindorf, G. (2000), S. 56ff

stellen, werden sie heute nicht als sich ausschließend, sondern komplementär angesehen.[35]

2.2.2 Bedeutung von Medien für das Lernen

Stonjek definiert Medien als Informationsträger, welche subjektiv ausgewählte Aspekte der Wirklichkeit vom Medienersteller bzw. Sender zum Adressaten übermitteln.[36] Hickethier greift den Begriff noch weiter und versteht Medien als „alle Mittel (...), derer wir uns beim Kommunizieren bedienen."[37] Somit werden Lerninhalte vom Lehrenden mithilfe von Medien an die SuS übermittelt. Die konstruktivistische Lerntheorie legt nah, dass Informationen vom Individuum mit den Sinnen aufgenommen, im Gehirn decodiert, interpretiert und in bestehende kognitive Strukturen elaboriert werden. Die so entstandenen individuellen kognitiven Abbilder können sich zwischen den SuS grundlegend unterscheiden.[38] Obwohl die in der Medienpädagogik als fundamental angesehene „Summierungstheorie" von Treichler längst als nicht nachvollziehbar zurückgewiesen wurde,[39] zeigen empirische Untersuchungen einen Einfluss von Codierungsarten und Sinnesmodalitäten auf individuellen Lernerfolg, welcher mithilfe der „generativen Theorie multimedialen Lernens" von Mayer[40] und der „Cognitive Load Theory" von Sweller[41] erklärt werden kann. Ein höherer Lernerfolg kann demnach erzielt werden, wenn Informationen als Text und Bild statt nur als Text präsentiert werden; Informationen in Text und Bild integriert vermittelt werden statt nacheinander zunächst als Text und nachfolgend als Bild dargestellt werden; Illustrationen zu Texten kommentiert statt unkommentiert abgebildet sind; Informationen audiovisuell statt nur auditiv oder visuell übermittelt werden; Informationen zugleich audiovisuell statt nacheinander zunächst auditiv und nachfolgend visuell dargeboten werden.[42] Das zeigt eine positive Relation zwischen Multicodalität, Multimodalität und Lernerfolg.

---

[35] Vgl.: Edelmann, W. & Wittmann, S. (2012), S. 208
[36] Vgl.: Stonjek, D. (1997), S. 9
[37] Vgl.: Hickethier, K. (2001), S. 7
[38] Vgl.: Rinschede, G. (2007)
[39] Vgl.: Weidenmann, B. (2002)
[40] Vgl.: Mayer, R. E. (2001)
[41] Vgl.: Sweller, J. (2005)
[42] Vgl.: Levin, J. R. et al. (1987); Mayer, R. E. (1997); Mayer, R. E. (2001)

2.2.3 Bedeutung von Motivation und Interesse für das Lernen

Kognitive Theorien weisen auf die große Bedeutung von Motivation und Interesse für den Erfolg einer Lernhandlung hin. Motivation wird von Rheinberg als *„aktivierende Ausrichtung des momentanen Lebensvollzugs auf einen positiv bewerteten Zielzustand"*[43] definiert. Seeber ergänzt hierzu, dass auch die Vermeidung von negativen Folgen das Ziel eines motivierten Verhaltens darstellen kann.[44] Somit kann Motivation aus motivationspsychologischer Sichtweise heraus als hypothetisches Konstrukt verstanden werden, welches Richtung, Intensität und Dauer von Verhalten erklärt.[45] Motivation besitzt für Lernen eine Auslösefunktion (Lernender identifiziert sich mit Thema oder Problem und stellt sich auf Informationsaufnahme ein), Energieversorgungsfunktion (Lernender zeigt Anstrengung, Mühe und Konzentration, wodurch Intensität und Nachhaltigkeit der Lernhandlung gesteigert wird) und Steuerungsfunktion (Lernender selektiert Informationen) zu.[46] Es wird zwischen intrinsischer Motivation (Lernantrieb aus Motiven die dem Lernenden selbst innewohnen, z.B. Interesse oder Neugier) und extrinsischer Motivation (Lernantrieb aufgrund äußerer Anreize, z.B. Furcht vor negativen Folgen, Hoffnung auf positive Folgen) unterschieden.[47] Zur Erklärung der intrinsischen Motivation kann das „Konzept tätigkeitsspezifischer Vollzugsanreize" von Rheinberg (1982) herangezogen werden. Dieses formuliert die positive Abhängigkeit zwischen Motivation bzw. motivierten Handeln und gegenstandsspezifischen Anreizen (Interesse und Neugier am Lerngegenstand), sowie tätigkeitsspezifischen Anreizen (Spaß und Neugier an Lernhandlung).[48]

Nach Kestler liegt gerade in der zuvor als problematisch beschriebenen zeiträumlichen Distanzen zwischen Lernersubjekten und Lernobjekten eine große Chance der Geographie zur Auslösung eines motivierten Lernverhaltens, weil diese *„den Reiz des Neuen und Unbekannten, Paradoxa, Kontraste und überraschende Sichtweisen"*[49] versprechen.[50] Auch Studien, wie z.B. die „Münchener Interessenkon-

---

[43] Vgl.: Rheinberg (2004), S. 16
[44] Vgl.: Seeber (2004)
[45] Vgl.: Rheinberg & Krug (2005)
[46] Vgl.: Dieterich, R. & Rietz, J. (1996), S. 263ff
[47] Vgl.: Krapp, A. & Weidenmann, B. (2001), S. 221ff
[48] Vgl.: Rheinberg (2004), S. 261ff
[49] Kestler, F. (2015), S. 161
[50] Vgl.: ebd., S. 161

zeption", belegt empirisch, dass das Interesse der SuS an Lerngegenständen und Inhalten von deren Freizeitaktivitäten und Reiseerlebnissen, sowie durch Medien bestimmt wird. Eine Stärke der Geographie liegt demzufolge in ihrer Realitätsbezogenheit.[51]

2.2.4 Unterrichtsprinzipien des Geographieunterrichts

Kestler definiert Unterrichtsprinzipien als *„grundlegende, orientierende Handlungsempfehlungen zur bestmöglichen Strukturierung des schulischen Lehrens und Lernens."*[52] Glöckel ergänzt, dass Unterrichtsprinzipien – im Schnittpunkt zwischen Unterrichtstheorie und -praxis stehend – die abstrakten Aussagen allgemeindidaktischer Modelle und der Lernpsychologie konkretisieren und den Lehrenden Richtlinien für einen effizienten und ökonomischen Unterricht an die Hand geben. Didaktische Prinzipien beziehen sich auf die Auswahl von Zielen und Inhalten bei der Lehrplangestaltung und Unterrichtsplanung. Methodische Prinzipien beziehen sich auf Auswahl von Methoden und Medien für konkrete Lehr-Lern-Arrangements.[53]

Zur Erfüllung des Bildungs- und Erziehungsziels der Oberschule, eine allgemeine und berufsvorbereitende Bildung zu vermitteln, welche den Schülern einen *„flexiblen Rahmen für individuelle Leistungsförderung, spezifische Interessen- und Neigungsentwicklung (...), die Entwicklung der Ausbildungsfähigkeit und [eine, M.S] Grundlage für lebenslanges Lernen"*[54] liefert, bedarf es gemäß den Bestimmungen des Sächsischen Staatsministeriums für Kultus einer Didaktik, welche *„ein angemessenes Verhältnis zwischen fachsystemischem Lernen und praktischem Umgang mit lebensbezogenen Problemen schafft[t, M.S]"* [55] und daher *„konkret und praxisbezogen – weniger abstrakt und theoriebezogen"* [56] sein sollte.[57] Unter Einbezug des fachspezifischen Bildungsauftrages des Faches Geographie, den SuS zu einem umfassenden Verständnis von *„räumlichen Zusammenhängen in der Welt*

---

[51] Vgl.: ebd., S. 163f
[52] Ebd., S. 327
[53] Vgl.: Glöckel, H. (1996), S. 279ff
[54] Sächsisches Staatsministerium für Kultus (2009), S. VII
[55] Ebd., S. VIII
[56] Ebd., S. VIII
[57] Ebd., S. VIII

und (...) raumbezogene[n, M.S] Handlungskompetenzen" [58], *sowie zu einem „verantwortungsbewussten Umgang mit der Umwelt und den natürlichen Ressourcen"*[59] zu verhelfen werden folgende didaktische und methodische Prinzipien zugrunde gelegt:[60]

Schülerorientierung: Das Prinzip der Schülerorientierung stellt die SuS in das Zentrum der didaktischen Überlegungen und fordert eine optimale Passung bei der Auswahl von Lerninhalten und Lerngegenständen durch Beachtung der Entwicklungs- und Altersgemäßheit, sowie Interesse, Vorwissen und Fähigkeiten der SuS.

Lebensweltbezug: Die Akzeptanz von Lerninhalt und Lerngegenstand wird durch deren Gegenwarts- und Zukunftsbedeutung gestützt.[61] Alltagsorientierung und Aktualität können im Unterricht durch Anknüpfen an alltäglichen Situationen, Konstruktion authentischer Situationen, Einsatz originaler Gegenstände oder Unterricht an außerschulischen Lernorten aufgezeigt werden.[62]

Problemorientierung: Problemorientierte Lernsituationen zeichnen sich durch alltagsorientierte Themen und authentische Aufgabenstellungen aus und dienen der Aneignung anwendungsbereiten Wissens, methodischen Fähigkeiten und Kompetenzen, sowie deren Transfer auf das Leben in Beruf und Gesellschaft.[63]

Selbsttätigkeit: Rinschede definiert Selbsttätigkeit als „Aktivität aus eigenen Anlass, auf ein selbstgewähltes Ziel hin, mit freigewählten Methoden und selbstgewählten Mitteln, im eigenständigen sozialen Bezug und mit den Möglichkeiten der Selbstkontrolle".[64] Derartige Lernarrangements ermöglichen Lernen nach individuellen Fähigkeiten und Vorlieben, sowie die Steuerung der Lerngeschwindigkeit, Methoden und Zeiteinteilung und führen zu einem Rollentausch: die Verantwortung für die individuelle Aneignung von Wissen, Fähigkeiten und Kompetenzen wird zu großen Teilen an den Lerner übertragen, während Lehrende eine bera-

---

[58] Ebd., S. 2
[59] Ebd., S. 2
[60] Vgl.: ebd., S. VIII & ebd., S. 3
[61] Vgl.: Klafki, W. (1991), S. 270ff
[62] Vgl.: Kestler, F. (2015), S. 332ff
[63] Vgl.: Riedl, A. (2004b), S. 81
[64] Vgl.: Rinschede, G. (2007), S. 183

tende und unterstützende Rolle einnehmen. Ziel ist die Erlangung von Selbstständigkeit, Selbstbestimmung und Selbstidentität.[65]

Handlungsorientierung: Riedl inkludiert Handlungsorientierung in Selbsttätigkeit.[66] Nach Meyer bezeichnet das Prinzip selbstbestimmtes und aktives Lernen, welches gleichermaßen Kopf, Herz und Hand fordert und methodische Kompetenzen fördert.[67]

Differenzierung und Individualisierung: Nach den Prinzipien Differenzierung und Individualisierung ist Unterricht an der Heterogenität der SuS und deren individuellen Lernvoraussetzungen, Lernfähigkeiten und Lernbedürfnissen auszurichten.[68] Individuelle Lernprozesse können auf Basis differenzierter Themen, Aufgabenstellungen, Sozial- und Aktionsformen, Lernmittel und Medien unterstützt werden.[69]

Vernetztes Denken und Multiperspektivität: Lineare Denkweisen und monokausale Erklärungen genügen nicht für das Verständnis der ökologischen, ökonomischen, gesellschaftlichen und kulturellen Vernetzungen der Welt. Die Prinzipien Vernetzten Denkens und Multiperspektivität fordern komplexe vernetzte Betrachtungen jener Teilsysteme aus einer Vielzahl möglicher Perspektiven. Dem wird insbesondere fachübergreifender bzw. fächerverbindender Unterricht gerecht.[70]

Anschaulichkeit: Nach Pestalozzi ist Anschaulichkeit „*das absolute Fundament aller Erkenntnis*".[71] Sie ermöglicht die Begegnung und Erfassung von Unterrichtsinhalten mit möglichst vielen Sinnen, in größtmöglicher Wirklichkeitsnähe und Erlebnistiefe. Damit ist sie elementar für Zugang, Verarbeitungstiefe und Behalten der Lerninhalte, sowie für die Motivation.[72] Köck kategorisiert vier Möglichkeiten

---

[65] Vgl.: Riedl, A. (2004a), S. 91
[66] Vgl.: Köck, P. (2000), S. 264
[67] Vgl.: Meyer, H. (1994), S. 402
[68] Köck nennt u.a. die Faktoren Wissen, Lernerfahrung und Lernfähigkeit, Methodenkompetenz, Intelligenz, Anlagen und Begabungen, Konzentration und Aufmerksamkeit, Lern- und Leistungsmotivation, Einstellungen und Werte, Interessen und Neigungen, die Qualität der häuslichen Lernumgebung, sowie kulturelle und / oder sprachliche Barrieren. (Vgl.: Köck, P. (2000), S. 358)
[69] Vgl.: Köck, P. (2000), S. 358
[70] Vgl.: Meyer, T. (1997), S. 149
[71] Vgl.: Pestalozzi, J. H. (1801), S. 305
[72] Vgl.: Rinschede, G. (1999), S. 10

der Anschaulichkeit: 1. „unmittelbare direkte Anschauung" (Realbegegnung), 2. „mittelbare direkte Anschauung" (Vermittlung mithilfe von Medien), 3. „indirekte Anschauung" (Konstruktion neuer Vorstellungsbilder aus bekannten Begriffe, Konzepten und Inhalten) und 4. „Operative Veranschaulichung" (Nachahmung in Experimenten).[73]

Realbegegnung: Realbegegnung bezeichnet Lernen an originalen Gegenständen und realen Gegebenheiten.[74] Das Prinzip ermöglicht den SuS eine ursprüngliche und oft ergreifende Begegnung mit Lerninhalten, welche Anteilnahme und Problembewusstsein, aber auch konkrete Vorstellungen schärfen sollen.[75] Exkursionen und außerschulisches Lernen dienen der Erarbeitung geographischer Fragestellungen im realen Raum.[76]

Nahraumbezug und Heimaterziehung: Der alltägliche Aktions- und Erfahrungsraum der SuS wird zum Zweck der Bezugs- und Vergleichsnahme mit raumzeitlich fernen Unterrichtsgegenständen, sowie für Realbegegnungen und Primärerfahrungen genutzt. Ziel sind sinnliche Erfassung und emotionaler Zugang zur Heimat, welche Gefühle der Wertschätzung und Verbundenheit hervorrufen sollen und als Basis für z.B. Umwelterziehung, BNE, Raumkompetenzverhalten, usw. dienen können.[77]

Globales Lernen: Globales Lernen als fächerübergreifendes Unterrichtsprinzip versteht sich als pädagogische Antwort auf den Prozess der Globalisierung und die sich daraus ergebenden Vorteilen und Gefahren für den Einzelnen, die Gesellschaft und die Umwelt.[78] Das Forum „Schule für eine Welt" beschreibt globales Lernen als *„(...) die Vermittlung einer globalen Perspektive und die Hinführung zum persönlichen Urteilen und Handeln in globaler Perspektive auf allen Stufen der Bildungsarbeit. Die Fähigkeit, Sachlagen und Probleme in einem weltweiten und ganzheitlichen Zusammenhang zu sehen (...) ist eine Perspektive des Denkens, Urteilens, Fühlens und Handelns, eine Beschreibung wichtiger sozialer Fähigkeiten für die Zu-*

---

[73] Vgl.: Köck, P. (2000), S. 263
[74] Vgl.: Peterssen, W. H. (1999), S. 251
[75] Vgl.: ebd., S. 217
[76] Vgl.: ebd., S. 251
[77] Vgl.: Rinschede, G. (2007), S. 181f
[78] Vgl.: ebd., S. 197

kunft."[79] Globales Lernen ist mit Werteorientierung, interkulturellen Lernen und Umwelterziehung verknüpft und verfolgt Ziele im kognitiven, affektiven und aktionalen Lernbereich.[80]

Umwelterziehung: Das Prinzip verfolgt das Leitziel Umweltbewusstsein und zeigt sich in Kenntnissen über Natur, Ökologie und Umwelt, in Bereitschaft und Fähigkeit zu ökologisch verträglichen und umweltbewussten Handeln, sowie entsprechenden Werten und Einstellungen.[81]

Bildung für nachhaltige Entwicklung: BNE wird als Erweiterung der Umweltbildung in Richtung sozialer, kultureller, ökonomischer und politischer Dimensionen verstanden.[82] Die Commission on Environment and Development definiert eine nachhaltige Entwicklung als *„(...) Wandlungsprozeß, in dem die Nutzung von Ressourcen, das Ziel von Investitionen, die Richtung technologischer Entwicklung und institutioneller Wandel miteinander harmonieren"*[83] und *„(...) den Bedürfnissen der heutigen Generation entspricht, ohne die Möglichkeit künftiger Generationen zu gefährden, ihre eigenen Bedürfnisse zu befriedigen und ihren Lebensstil zu wählen."*[84] Leitziel ist Gestaltungskompetenz, die Fähigkeit zur mündigen Teilhabe an einer nachhaltig denkenden und handelnden Gesellschaft, sowie zum eigenständigen nachhaltigen und zukunftsgerichteten Handeln.[85]

Interkulturelles Lernen und Friedenserziehung: Interkulturelles Lernen ist ein fächerübergreifendes Prinzip, welches auf eine konstruktive, friedliche, respektvolle und reflexive Auseinandersetzung mit fremden Kulturen in Bezug zur eigenen Kultur abzielt. Ethnozentrische Vorteile und Einstellungen sollen abgebaut und kulturelle Vielfalt als Chance und Bereicherung verstanden werden.[86] Es ist unverzichtbares Element der Friedenserziehung, welche die Ideale Achtung der Mitmenschen (Themen: Menschenrechte, soziale Gerechtigkeit, Recht vor

---

[79] Vgl.: Forum „Schule für eine Welt" (1996), S. 19
[80] Vgl.: Kross, E. (1996), S. 4ff
[81] Vgl.: Kestler, F. (2015), S. 94
[82] Vgl.: ebd., S. 108f
[83] Commission on Environment and Development (1987), S. 57
[84] Commission on Environment and Development (1987), S. 49
[85] Vgl.: Kestler, F. (2015), S. 110
[86] Vgl.: ebd., S. 100f

Minderheiten) und Nachwelt (Themen: Endlichkeit der Ressourcen, nachhaltige Wohlstandsmodelle) propagiert.[87]

2.3 Medien im Geographieunterricht

Medien nehmen eine bedeutende Rolle in Lehr-Lernprozessen ein (vgl. Kapitel 2.2). Gegenstand dieses Kapitels ist das Aufzeigen der Funktionen und Auswahlkriterien des Medieneinsatzes im Geographieunterricht, um folgend die Leistung und Defizite klassischer und digitaler Medien, sowie deren spezifische Chancen und Herausforderungen für die Arbeit im Fach Geographie herauszuarbeiten.

2.3.1 Klassifikation geographischer Unterrichtsmedien

Kestler unterscheidet geographische Unterrichtsmedien prinzipiell in Originale und Abbildungen. Originale werden beschrieben als *„authentische Objekte aus der Realität, die so beschaffen sind, dass sie der Lehrer in den Klassenraum bringen kann."*[88] Ihr Vorzug liegt darin, dass sie neben Seh- und Tastsinn, auch Geruchssinn und seltener auch Geschmackssinn ansprechen. Dadurch können Originale von SuS sinnlich intensiver begriffen werden. Abbildungen sind *„ein verkleinertes, auf die wesentlichen Aspekte vereinfachtes, dreidimensionales Abbild eines Ausschnittes der geographischen Wirklichkeit."*[89] Sie dienen dem Erkennen und Verstehen komplexer Sachverhalte durch vereinfachte (bzw. didaktisch reduzierte) Darstellung komplexer Strukturen, Prozesse oder vernetzter Systeme.[90] Eine Bereicherung der Systematik stellt der Ansatz von Claasen dar, der die von Kestler benannten Hauptgruppen Originale (bei Claassen: konkrete Modelle) und Abbildungen (bei Claassen: illustrative Modelle) um theoretische Modelle, sowie Aktions- oder Verhaltensmodelle ergänzt.[91]

Abbildung 1 liefert eine Übersicht über Schulmedien und nennt typische Beispiele.

---

[87] Vgl.: Rinschede, G. (2007), S. 207
[88] Vgl.: Kestler, F. (2015), S. 274
[89] Vgl.: ebd., S. 275
[90] Vgl.: ebd. S. 274ff
[91] Vgl.: Claassen (1997), S. 9f

		Personale Medien	Sprache, Mimik, Gestik, Polemik
Unterrichtsmedien	Originale	Originale Gegenstände	Gesteine, Pflanzen
		Menschliche Artefakte	Historische Gegenstände, Beispielhafte Gegenstände
	Abbildungen	Räumliche Darstellungen	Sandkasten, Globus, Tellurium, Planetarium
		Nichträumliche Darstellungen	Fotos, Filme, Satellitenbilder, Luftbilder
		Symbolische Darstellungen	Karten, Block- und Profilzeichnungen, Diagramme, Karikaturen
		Textmedien & Verbundmedien	Sachtexte, Erlebnistexte, Zeitungen, Schulbücher, Arbeitsblätter
		Nummerische Medien	Zahlen, Tabellen

Abbildung 1: Klassifikation von Unterrichtsmedien[92]

2.3.2 Funktionen von Medien im Geographieunterricht

Bereits Johann Amos Comenius (1592-1670), der als Begründer der modernen Didaktik gilt, forderte die Abkehr vom in seiner Zeit streng verbalen Unterricht durch Unterstützung und Versinnbildlichung des gesprochenen Wortes mit Hilfe von Medien. Comenius prägte als Erster die modernen Unterrichtsprinzipien „Lernen durch Tun" und „Anschauung vor sprachlicher Vermittlung".[93] Trotzdem kamen in der Didaktik den Medien als Faktor der Unterrichtsgestaltung und als Instrument der Wissensvermittlung lange Zeit nur eine untergeordnete Rolle zu. Erstmals wurde im lehr-/ lerntheoretischen Ansatz der Berliner Schule die lernförderliche Wirkung der Medien betont, sowie ihre enge Korrelation mit Unterrichtszielen, Themen, Inhalten und Methoden untersucht.[94] Geographische Medien können innerhalb eines Lernziels eine inhaltliche Dimension (z.B. Klasse 5, LB1: Kennen der Gliederung der Erde in Kontinente und Ozeane: Abbildungsarten Weltraumbild, Globus, Karte[95]) und / oder methodischer Bedeutung (z.B. Klasse 5, LB2: Kennen der Lage, der Größe und der Gliederung Deutschlands: Atlasarbeit[96]) einnehmen, sowie verschiedenste allgemeindidaktische bzw. lernpsycho-

---

[92] Eigene Darstellung in Anlehnung an Rinschede, G. (2007) und Kestler, F. (2015)
[93] Vgl.: Flitner, A. (1954), S. 96ff
[94] Vgl.: Rinschede, G. (2007), S. 305
[95] Vgl.: Sächsisches Staatsministerium für Kultus (2009), S. 6
[96] Vgl.: ebd., S. 7

logische Funktionen (z.B. als Arbeitsmittel) erfüllen. Zudem besitzt die Geographie mit dem Globus, Karten oder GIS schulisch einmalige fachspezifische Leitmedien.[97] Stonjek unterscheidet drei Aufgaben im Unterricht: Medien dienen als Ersatz der Wirklichkeit, als Arbeitsmittel, sowie zur Förderung des Lernprozesses.[98] Rinschede differenziert die Ziele und Funktionen des Medieneinsatzes im Geographieunterricht noch feingliedriger:

Medien als Vermittler von Informationen: Medien als Träger und Vermittler von Lerninhalten dienen als Ersatz zur Realbegegnung und zur Überbrückung zeiträumlicher Distanz zwischen geographischer Wirklichkeit und Lernenden. Außerdem dienen Medien der Abbildung und Sichtbarmachung nicht wahrnehmbarer zeiträumlicher Strukturen und Prozesse und machen diese für SuS und die weitere Arbeit im Unterricht fassbar. Damit werden Medien dem Prinzip der Anschaulichkeit gerecht und unterstützen Wissenserwerb, -speicherung und -transfer.[99]

Medien als Vermittler von Fachmethoden: Ein Ziel des Geographieunterrichts stellt das Erlernen und Anwenden der Fachmethodik dar. Bei der wissenschaftlichen Erfassung und Beschreibung der geographischen Wirklichkeit werden Daten erhoben, in spezifischen Medien dargestellt und im Verlauf weiterer Forschung bzw. Diskussion ausgewertet. Methodische Kernkompetenzen der SuS stellen somit Datengewinnung, sowie Datencodierung und Datendecodierung – die Fähigkeiten Medien selbständig herzustellen und auszuwerten – dar.[100]

Medien als Förderer von Kommunikationsprozessen: Ein weiteres Ziel geographischer Bildung stellt die Kommunikationsfähigkeit unter Anwendung des Fachwortschatzes dar. Medien stellen Informationen bereit, welche der Veranschaulichung einer (vielleicht gar kontroversen) Problemstellung und dem Wecken von Emotionen und Motivation dienen, sowie kommunikative Prozesse anstoßen und fördern.[101]

---

[97] Vgl.: Kestler, F. (2015), S. 267
[98] Vgl.: Stonjek, D. (1997), S. 17ff
[99] Vgl.: Rinschede, G. (2007), S. 309f
[100] Vgl.: ebd., S. 310f
[101] Vgl.: ebd., S. 311

Medien als Förderer von Einstellungen und Haltungen: Insbesondere Medien, die interessante, erstaunliche oder emotional bewegende Sachverhalte darstellen, regen die Motivation zu einer intensiven Auseinandersetzung an und prägen Einstellung und Haltungen.[102]

Medien als Förderer von Handlungsbefähigung: Im Kontext der Medienerstellung ist qualifiziertes Wissen um die Wahrnehmung und Wirkung medialer Darstellungsformen auf verschiedene Adressatengruppen unerlässlich. Schule muss den SuS nicht nur dieses Wissen vermitteln, sondern auch einen geschützten Rahmen zur Erprobung eigener medialer Ausdrucksformen bereitstellen.[103]

Medien als Förderer von Motivation: Medien – egal ob klassisch oder digital – üben eine positive Wirkung auf die Lernmotivation aus. Kerres verweist auf positive Effekte durch das Empfinden von Spass bei der Arbeit mit Medien und Medienpräsentern (vgl. Kapitel 2.2.3: tätigkeitsspezifische Anreize) und auf eine Steigerung des Interesses am Lerngegenstand dank didaktisch besserer Präsentations- und Interaktionsformen,[104] die den SuS einen intensiveren Zugang zum Lerngegenstand eröffnen (vgl. Kapitel 2.2.3: gegenstandsspezifische Anreize).[105] Allerdings zeigt der Hawthorne-Effekt, dass diese Art der Neugiermotivation im Laufe der Zeit stark rückläufig ist.[106]

2.3.3 Leistung klassischer Unterrichtsmedien im Geographieunterricht

Im Gegensatz zu Massenmedien mit ungerichtetem Adressatenbezug sind in Schulmedien alle Inhalte ziel- und edukantenorientiert ausgewählt, aufbereitet und dargestellt. Dadurch bieten diese den SuS eine lernpsychologisch und didaktisch optimierte und den Zielen und Forderungen des Lehrplans entsprechende gemeinsame Basis für Erkenntnisgewinnung und Kompetenzerwerb.[107] Brucker bemerkt, dass Schulmedien zumeist Verbundmedien darstellen, also Medien, welche vielfältige Einzelmedien (z.B. Texte, Bilder, Diagramme, Tonspuren, usw.) in

---

[102] Vgl.: ebd., S. 311
[103] Vgl.: ebd., S. 311f
[104] Kerres verweist auf die lernförderliche und motivierende Wirkung moderner Medien, z.B. durch die Möglichkeit zur Interaktion (verlangsamen, anzuhalten und zurückzuspulen von Lernvideos) oder die Adaptivität onlinebasierter Lernplattformen.
[105] Vgl.: Kerres, M. (2003), S. 3f
[106] Vgl.: Schulmeister, R. (1996), S. 380f
[107] Vgl.: Ringel, G. (2012), S. 178

sich vereinen. Durch dieses Zusammenspiel können sich die zumeist nur auf eine Fragestellung ausgerichteten bzw. monoperspektivischen Einzelmedien ergänzen, Inhalte nochmals aufgreifen und in anderer Form darstellen. Solch ein Sammelsurium verschiedener Medientypen wird unter anderen den verschiedenen Wahrnehmungs- und Lerntypen gerecht und trägt zur Intensivierung des Lernprozesses bei. Da die jeweiligen Einzelmedien differenzierte Schwierigkeits- und Abstraktionsgrade aufweisen, bieten sich dem Lehrenden bei Verwendung von Schulmedien Möglichkeiten zur individuellen Forderung und Förderung der SuS. Die Verwendung von (optimierten Schul-) Medien bietet die Möglichkeit der Auflösung der didaktisch ungünstigen Lehrerzentrierung zugunsten einer stärkeren Schülerorientierung. Dabei ist der Lehrer nicht mehr zentrales Medium, sondern Initiator, Moderator und Lernhelfer einer selbstständigen Auseinandersetzung mit und Erarbeitung von Lerninhalten durch die SuS anhand und mithilfe von Medien. Das typische Problem der sinkenden Aktualität von Druckmedien nach der Veröffentlichung kann durch Verknüpfung mit Online-Inhalten überwunden werden.[108]

2.3.4 Leistung digitaler Medien im Geographieunterricht

Da es nicht per se das digitale Medium gibt, sondern dieser Kategorie viele verschiedene Medien und Arbeitsmittel auf digitaler Basis zugeordnet werden können, sollen im Folgenden die wichtigsten Merkmale verschiedener für den Geographieunterricht relevante Medien beschrieben werden.

Ringel hebt hervor, dass neue Medien großartige Möglichkeiten zur eigenständigen Erarbeitung geographischer Sachverhalte bieten. Das Internet ermöglicht für Recherchearbeiten zeit- und ortsunabhängig den schnellen Zugriff auf nahezu unbegrenzte Informationen. Erfüllt eine Website oder ein in der Website implementiertes Medium nicht die geforderten Ansprüche (z.B. an Informationsgehalt, Darstellungsform, Aktualität) kann unmittelbar eine geeignetere Alternative gesucht werden.[109] Zudem ermöglicht der Umgang mit aktuellen Daten und Informationen eine außerordentliche Problem- und Handlungsorientierung digitaler Lernsituationen und schafft eine Grundlage zur Auseinandersetzung mit aktuel-

---

[108] Vgl.: Brucker, A. (2006), S. 174
[109] Vgl.: Ringel, G. (2012), S. 178

len ökologischen und gesellschaftlichen Herausforderungen im Unterricht.[110] Ditter et al. schreiben digitalen Medien, welche oft Verbundmedien darstellen, die Eigenschaften Multimedialität (Kombination verschiedener Medien), Multicodalität (Kombination verschiedener Darstellungsformen) und Multimodalität (Ansprache mehrerer Sinne) zu, welche jedoch streng genommen ebenso Merkmale analoger Verbundmedien, wie z. B. dem Schulbuch, sind.[111] Ringel konstatiert modernen Medien hier jedoch einen Vorteil, da beispielsweise digitale Animationen und Simulationen den Lernenden Möglichkeiten zur Interaktion bieten (z.B. durch Funktionen wie Start-Pause, Wiederholung, Perspektivwechsel, Geschwindigkeitsänderungen) und dies das Verständnis komplexer raumzeitlicher Prozesse erleichtert.[112] Daneben besitzen digitale Medien mit der Adaptivität (Anpassbarkeit der Lernumgebung an die Voraussetzungen, Fähigkeiten und Bedürfnisse der Lerner, z.b. durch unterschiedliche Schwierigkeitsgrade der Aufgaben), Interaktivität und Feedbackfunktion (z.B. über Lernerfolge), sowie Multilinearität (Verknüpfung mit weiterführenden Informationen, welche auf Wunsch zum vertieften Studium genutzt werden können) wichtige Alleinstellungsmerkmale.[113] Diese Features tragen zur Differenzierung der Lernumgebung bei und vereinfachen den SuS das selbstständige Lernen, sowie den Aufbau methodischer, medialer und personeller Kompetenzen.[114] Herzig betont die Kommunikations- und Kooperationsmöglichkeiten, welche sich aus dem Einsatz vernetzter Medien ergeben. Lerner können räumlich und zeitlich unabhängig voneinander am gemeinsamen Lerngegenstand arbeiten, um: 1. zu vorbestimmten Zeiten an einem gemeinsamen Lernort kooperativ weiterzuarbeiten (z.B. im Flipped-Classroom-Prinzip als Variante des Blended Learnings (vgl. Kapitel 2.3.6)), 2. mithilfe von Internetdiensten zu kommunizieren und einander zu helfen oder 3. sich vollvirtuell auf Lernplattformen und Learning-Management-Systemen auszutauschen und Ergebnisse miteinander zu teilen. Damit schaffen vernetzte Lernumgebungen eine Basis zum Aufbau sozialer und kommunikativer Kompetenzen.[115] Bemerkens-

---

[110] Vgl.: Ditter, R. et al. (2012), S. 231
[111] Vgl.: ebd., S. 215
[112] Vgl.: Ringel, G. (2012), S. 178
[113] Vgl.: Ditter, R. et al. (2012), S. 215
[114] Vgl.: ebd., S. 231f
[115] Vgl.: Herzig, B. (2017), S. 35

werte Möglichkeiten für das Lernen ergeben sich auch aus virtuellen (vgl. Kapitel 3.3.4) und angereicherten (vgl. Kapitel 3.4.4) Lernumgebungen.

Jedoch warnen sowohl Ringel[116], als auch Ditter et al.[117] davor, dass digitale Medien aus schulischer Perspektive oft nicht ziel- und adressatengerecht gestaltet sind. Mit Verweis auf die Forschung Schrettenbrunners wird konstatiert, dass ein Übermaß unnützer oder unstrukturierter Informationen in Internet oder Lernprogrammen systematische bzw. konstruktivistisch verknüpfende Lernvorgänge eher hemmt als fördert und damit ein Hindernis zum effektives Lernen mit Online-Medien bilden kann. Auch die *„Flut ungefilterter Informationen"*[118] stellt einen maßgeblichen Nachteil dar, da Medieninhalte heute nach Belieben gefälscht bzw. manipuliert und verbreitet werden können.[119] Die durch Lehrende eingeplanten Medien müssen daher den Kompetenzen der SuS hinsichtlich Verständnis, Bewertung und Kritik jener Medien entsprechen. Die SuS wiederum müssen befähigt werden zweckdienliche Medien entsprechend ihren Lernbedürfnissen zu beschaffen und auszuwählen.[120] Außerdem hängt die Effizienz des Lernens mit digitalen Medien wesentlich von den individuellen Kompetenzen der Lerner im Umgang mit der Hard- und Software ab. Um das Risiko der Überforderung, sowie der Verringerung der Arbeits- und Lernmotivation zu mindern muss eine ausreichende Qualifikation im Umgang mit den Arbeitsmitteln – also das Wissen um Funktionsumfang und Bedienung der Hardware und Lernsoftware, sowie die Fähigkeiten diese entsprechend zu nutzen – gesichert sein.[121] Insgesamt verlangen digitale Medien den SuS eine noch bewusster und kritischer angewandte Medienkompetenz (vgl. Kapitel 2.3.6) als klassische Medien ab.[122] Obwohl die Befähigung zum individuellen und selbstregulierten Lernen – insbesondere in digitalen Lernumgebungen – von der KMK als Bildungsauftrag der Schule in einer digitalen Welt proklamiert wurde[123], stellt sich den Lehrenden an der Oberschule die Frage, welche Kompetenzen die SuS diesbezüglich bereits aufweisen können. Denn ein zent-

---

[116] Vgl.: Ringel, G. (2012), S. 178
[117] Vgl.: Ditter, R. et al. (2012), S. 231f
[118] Ebd., S. 231
[119] Vgl.: ebd., S. 231f
[120] Vgl.: Ringel, G. (2012), S. 178
[121] Vgl.: Reglin, T. et al. (2006), S. 87f
[122] Vgl.: Ringel, G. (2012), S. 178
[123] Vgl.: KMK (2016), S. 12ff

rales Entscheidungskriterium über das Nutzungspotential digitaler Medien – insbesondere im Kontext selbstorganisierten und selbstständigen Lernens – ergibt sich aus den Voraussetzungen der Lernenden zum selbstregulierten Lernen. Innere Faktoren des selbstregulierten Lernens differenzieren Friedrich und Mandl in strukturelle und prozessuale Faktoren zahlreicher kognitiver und motivationaler Voraussetzungen[124], welche die Lerner aufweisen müssen oder zumindest durch die Lehrenden gefördert werden müssen, damit selbstorganisiertes und selbsttätiges Lernen mit digitalen Medien effizient gelingen kann.[125]

Abbildung 2 liefert eine Übersicht der wichtigsten Voraussetzungen.

Komponente		Lernvoraussetzung	Beispiele
Motivation	Struktur	Bedürfnisse	Autonomie, Selbstbestimmung, soziale Eingebundenheit, Sicherheit
		Interessen	Interesse am Thema, Interesse an der Lehr- und Lernform
		Ziele	Soziale Anerkennung, Materieller Aufstieg, Kompetenzerweiterung, Horizonterweiterung, Neue Herausforderung
		Selbstwirksamkeit	Glaube an die eigenen Fähigkeiten zur Bewältigung bestimmter Aufgaben
	Prozess	Selbsterhaltende Strategien	Vermeiden von zu schweren Aufgaben zur Vorsorge vor Misserfolg, Abwertung der Relevanz des Handlungsfeldes
		Volitionale Strategien	Ausblenden ablenkender Stimuli, Schaffen motivierender Anreize, Vermeiden von emotionalen Situationen
		Emotionale Prozesse	Prüfungsangst, Langeweile, Freude am Lernen

---

[124] Strukturelle Bedingungen sind relativ stabile internale Eigenschaften eines Lerners. Prozessuale Bedingungen beziehen sich auf aktuelle Handlungen des Lerners, sowie deren Auswirkungen. (Vgl.: Friedrich, H. & Mandl, H. (1995), S. 243)
[125] Vgl.: Friedrich, H. & Mandl, H. (1995), S. 241

Komponente		Lernvoraussetzung	Beispiele
Kognition	Struktur	Inhaltswissen	Allgemeines und bereichsspezifisches Vorwissen; Wissen über die Funktionsweise des eigenen kognitiven Systems
		Aufgabenwissen	Wissen über das Ausmaß an Anstrengung bei der Bewältigung bestimmter Aufgaben, Wissen über Zusammenhänge zwischen bestimmten Aufgaben und verschiedenen Lernstrategien
		Strategiewissen	Wissen über Zusammenhänge zwischen Aufgabentypen und verschiedenen Lernstrategien: Lernzeitmanagement, Aufmerksamkeitssteuerung, Enkodierungsstrategien
	Prozess	Informationsverarbeitungsstrategien	Wiederholendes Lernen, Listenlernen, Lernen mit mentalen Bildern, Zusammenfassen, Fragen
		Kontrollstrategien	Lernstrategie auf Effizienz überprüfen, Zielerfüllung kontrollieren, Konzentrieren
		Ressourcenstrategien	Zeitmanagement, materiale Lernhilfen, personale Lernhilfen

Abbildung 2: Voraussetzungen selbstregulierten Lernens[126]

Ungenügende Selbstlernkompetenzen rufen ein hohes Risiko für das Scheitern des Lernprozesses durch fachliche oder methodische Überforderung, sowie mangelnde Motivation, Selbstdisziplin oder Ausdauer hervor. Mittelmäßige Selbstlernkompetenzen bürgen aufgrund gleicher Aspekte die Gefahr des Scheiterns, jedoch auch die Chance zur Verbesserung bestehender Kompetenzen. Hohe Selbstlernkompetenzen liefern die besten Voraussetzungen für selbstreguliertes Lernen.[127]

Resümierend verweist Schleicher darauf, dass die Verwendung digitaler Medien keine Garantie für Lernerfolg darstellt, sondern nur durch didaktische Konzepte erreicht werden kann, welche problemorientiertes, handlungsorientiertes, selbstständiges und kooperatives Lernen unter Hinzunahme von digitalen Medien er-

---

[126] Eigene Darstellung in Anlehnung an Friedrich, H. & Mandl, H. (1995)
[127] Vgl.: Reglin, T. et al. (2006), S. 9 und S. 88

möglichen.[128] Kerres bringt auf den Punkt: *„Entscheidend für den Erfolg (...) [der schulischen Nutzung digitaler Medien, M. S] ist es, ob die so abgeleitete Lösung einen Mehrwert gegenüber anderen oder bereits etablierten Lösungen bietet, und zwar aus Sicht der relevanten Personen (Lernende, Lehrende)."*[129]

2.3.5 Lernmethoden im Spannungsfeld digitaler Medien

Digitale Medien ermöglichen durch ihre Merkmale der Zeit- und Ortunabhängigkeit, sowie der Unterstützung selbstregulierten Lernens durch z.b. adaptive und intelligente Hilfesysteme neue Formen schulischen Lernens, welche folgend erläutert werden.

Blended Learning

Blended Learning ist die Verknüpfung von Präsenzunterricht und E-Learning. Schulmeister unterscheidet Blended Learning in verschiedene Formen der Organisation: *Präsenzveranstaltung mit Verwendung von Online-Materialien, Präsenzveranstaltung mit Verwendung von Online-Kommunikationsplattformen, Wechsel zwischen Präsenzveranstaltungen und virtuellen Unterricht, rein virtueller Unterricht nach vorangegangener Einführungsveranstaltung*, sowie Methodik: *direkte Instruktion, interaktiver Unterricht, selbstorganisiertes Lernen*.[130] Aufgrund der Präsenzpflicht finden in allgemeinbildenden Schulen lediglich die ersten beiden Organisationsformen Anwendung, welche in allen drei methodischen Varianten realisiert werden können. In der Literatur wird zumeist die Zeit- und Ortsunabhängigkeit des Lernens als Vorteil von virtuellen Unterricht hervorgehoben.[131] Diese sind im Präsenzunterricht jedoch nicht gegeben, stattdessen zielt der Lehrende dort auf die Nutzbarmachung der Vorteile digitaler Medien ab. Auf der anderen Seite steht der Lehrende den SuS als Lernberater und überwachendes Element zur Verfügung, wodurch diese nicht mit den Herausforderungen des selbstregulierten Lernens alleingelassen werden. Dies erhöht die Qualität und Effizient des Lernens, sichert die Aneignung der Lerninhalte und trägt zum Aufbau metho-

---

[128] Vgl.: Schleicher, Y. (2012), S. 208
[129] Kerres, M. (2003), S. 8
[130] Vgl.: Schulmeister, R. (2003), S. 176
[131] Z.B.: Herzig, B. (2017), S. 34

discher, medialer und personaler Kompetenzen zur Arbeit mit E-Learning-Systemen bei.[132]

Flipped-Classroom-Prinzip

Flipped-Classroom bezeichnet ein didaktisches Konzept, bei welchem Lerninhalte den SuS vor dem Unterricht (zumeist in Form von Videos, aber z.B. auch mit Lern-Apps) zur Verfügung gestellt werden. Zuhause erarbeiten die Lernenden dann die Lerninhalte selbstständig. Für die SuS liegen die Vorteile auf der Hand: Das selbstständige Lernen erfolgt im eigenen Tempo. Konnte der Schüler etwas nicht verstehen, kann er das Lernszenario stoppen und nochmal beginnen. Außerdem können eigene Medien ergänzend hinzuzogen werden. Die Heimarbeit ermöglicht somit individualisiertes und selbsttätiges Lernen, sowie den Aufbau von Selbstlernkompetenzen. In der Vertiefungsphase im Unterricht hat der Lehrende wiederrum mehr Zeit auf die Bedürfnisse der SuS einzugehen und ihnen bei der Bearbeitung der Übungsaufgaben zu helfen. Somit verbleibt dafür mehr wertvolle Lernzeit für Vertiefung, Anwendung und Diskussion der Lerninhalte. Insgesamt findet ein doppelter Rollentausch statt: gelernt wird Zuhause und geübt in der Schule, dadurch wechselt der Unterricht von der Lehrerzentrierung zur Lernerzentrierung.[133] Auf der anderen Seite sind die Anforderungen dieser Form des Blended Learnings an die Lernenden hoch. Reimann-Rothmeier bemerkt hierzu: *„Die Information zum Lernen ist da, aber der Antrieb, diese auch zu lesen, zu verstehen und zu nutzen, muss aus einem selbst heraus kommen, was Motivation und meist auch Vorwissen voraussetzt. Ebenso sind Fähigkeiten zur Selbstbestimmung und Selbststeuerung sowie zum Umgang mit neuen Medien, also Medienkompetenz, eine Bedingung für erfolgreiches E-Learning by distributing."*[134]

2.3.6 Medienkompetenz

Technischer Fortschritt und Digitalisierung führten in den vergangenen Jahren zur Pluralisierung von Medien und Medienlandschaft, sowie zu einer deutlichen Durchdringung des Alltags mit neuen Medien und Medienformen. Nach Rasche können heute bereits Grundschüler zur Gruppe der digital Natives gezählt werden können, welche sich durch eine alltägliche und selbstverständliche, aber auch

---

[132] Vgl.: Zimmer, G. (2009), S. 62ff
[133] Vgl.: Spannnagel, C. (2017), S. 155ff
[134] Reimann-Rothmeier, G. (2003), S. 34

teils unbewusste und unkritische Mediennutzung kennzeichnen.[135] Spanhel resümiert, dass Kinder und Jugendliche *„Medien aktiv und gezielt (...) [einsetzen, M.S.], um ihren Alltag durch immer neue Erfahrungen zu bereichern, ihre Gefühle auszudrücken, innere Konflikte oder Ängste zu bearbeiten, nach Wertorientierung und Vorbildern zu suchen oder um sich Bestätigung für ihre Verhaltensmuster, Denkweisen oder Urteile zu holen."*[136] Jedoch führt derartig weitreichende und intensive Mediennutzung – gerade bei Kindern und Heranwachsenden – auch zu Risiken, z.B. Cybermobbing, Zugriff auf ungeeignete Inhalte, Preisgabe persönlicher Daten, Urheberrechtsverletzungen, usw. Zum qualifizierten Umgang mit den vielfältigen Möglichkeiten der modernen Medienlandschaft ist, sowohl in der Schule, als auch im außerschulischen Alltag ein kompetenter und kritischer Umgang mit medialen Angeboten notwendig, ohne welche deren Nutzung wenig erquickend, unproduktiv oder gar gefährlich ausfallen kann.[137] Baacke definiert Medienkompetenz als *„Fähigkeit, Medien und die dadurch vermittelten Inhalte den eigenen Zielen und Bedürfnissen entsprechend effektiv nutzen zu können."*[138] Kompetenter Umgang mit Medien erfordert die vier Teilkompetenzen: **Medienkunde** – das Wissen und die Fähigkeiten Medien zu verstehen und bewerten, **Mediennutzung** – das Wissen und die Fähigkeiten ihrer sinnvollen Auswahl und Nutzung, **Medienkritik** – das Wissen und die Fähigkeiten Medien und Medieneinflüsse zu erkennen und bewerten, wie auch die eigene Mediennutzung zu reflektieren und hinterfragen, sowie **Mediengestaltung** – das Wissen und die Fähigkeiten aktiv Medien zu gestalten und verbreiten können.[139] Groeben ergänzt mit seinem Modell drei weitere Teilkompetenzen: **medienbezogene Genussfähigkeit** – als entscheidender motivationaler Faktor für Mediennutzung, insbesondere über Schule und Arbeit hinaus im Privatbereich, **produktive Partizipationsmuster** – das Wissen und die Fähigkeiten die Bedienung neuer Medien und Medienformen selbstständig zu erlernen um deren Inhalte entsprechend zu extrahieren, bewerten und kognitiv verarbeiten zu können, sowie **Anschlusskommunikation** – das Wissen und die Fähigkeiten mediale Inhalte insbesondere auch in der Freizeit zu

---

[135] Vgl.: Rasche, J. (2009), S. 11ff
[136] Spanhel, D. (2006), S. 141
[137] Vgl.: Baacke, D. (1997), S. 23f
[138] Ebd., S. 34
[139] Vgl.: ebd., S. 23f

kommunizieren und gemeinsam mit anderen zu diskutieren und werten.[140] Obwohl insbesondere Groebens Systematisierung die Ausstrahlung der Dimensionen von Medienkompetenz ins alltägliche Leben hinaus aufzeigt, existiert bisher keine außerschulischen Institutionen, welche Medienbildung und -erziehung vermittelt, sodass Medienkompetenz letztendlich nur in der Schule gelehrt wird. Daher bewerten sowohl KMK[141], als auch der Lehrplan der Mittelschule[142] Medienkompetenz und informatischer Bildung als Schlüsselqualifikation und unbedingtes Bildungs- und Erziehungsziel der Schule.

---

[140] Vgl.: Groeben, N. (2004), S. 166ff
[141] Vgl.: KMK (2016), S. 10ff
[142] Vgl.: Sächsisches Staatsministerium für Kultus (2009), S. VII

3 Chancen und Risiken digitaler Medien für die Arbeit im Geographieunterricht

Wie in den vorangegangenen Kapiteln gezeigt wurde, herrscht eine enge Beziehung zwischen Lernzielen, Lerninhalten und methodisch-medialer Planung. Technischer Fortschritt und Digitalisierung brachten neue Medien, Medienangebote und Formen der Mediennutzung hervor, welche unsere Gesellschaft intensiv durchdrungen und für Privatleben, Beruf und Schule neue Möglichkeiten und Chancen, aber auch Risiken brachten. Verschiedene Bundesministerien und die KMK betonen daher nicht nur die Notwendigkeit einer kompetenten und kritischen Auseinandersetzung mit jenen neuen Medien, sondern fordern auch eine konsequente Ausrichtung des Lehrens in Richtung der digitalen Zukunft. Digitale Schulmedien bieten gegenüber klassischen Medien insbesondere Vorteile hinsichtlich der Darstellungsformen und Anschaulichkeit der Lerninhalte, sowie den Möglichkeiten zur Differenzierung und Selbstständigkeit des Lernens. Dadurch bieten sie den Lehrenden neue Optionen der Unterrichtsgestaltung und den Lernenden individuell zugeschnittene Möglichkeiten für Wissenserwerb und Kompetenzaufbau.

Einem Resümee über das Potential digitaler Medien für die Arbeit im Geographieunterricht kann daher anhand der Untersuchung von: 1. der Passung zwischen den Lernzielen und -inhalten des Faches und Lernzielen und -inhalten des Mediums, 2. der Unterstützung der fachlichen Unterrichtsprinzipien durch Medium und Medieneinsatz, 3. der Bewertung organisatorischer Aspekte und 4. der Bewertung auftretender Probleme erfolgen. Dazu werden im Folgenden die onlinebasierte Lernumgebung „geo:spektiv", die Lern-App „Dynamic Plates", die VR-Software „Expeditions" und die AR-Anwendung „TamAR" exemplarisch untersucht. Die Analyse erfolgt auf Basis der vorab erarbeiteten theoretischen Grundlagen und anhand weiterer empirischer Befunde der Forschungsfelder Lerntheorie und Didaktik, Medienpädagogik und E-Learning/ Blended-Learning. Die Erkenntnisse werden abschließend auf beispielhafte Unterrichtsvarianten übertragen.

3.1 Onlinebasierte Lernumgebung am Bsp. „geo:spektiv"

3.1.1 Begriffsbestimmung onlinebasierte Lernumgebung

Eine onlinebasierte Lernumgebung ist eine Lernumgebung, welche über das Internet zugänglich ist. Dazu wird ein geeignetes internetfähiges Endgerät benötigt. Sie stellt den Lernenden Materialien und Aufgaben zu den jeweiligen Themen und Lehrinhalten der Plattform zur Verfügung. Diese sind didaktisch aufbereitet und dienen dem Anstoß eines gezielten Lernprozesses. Eine didaktisch qualitätsvolle Lernumgebung – egal ob offline im Klassenzimmer, online im Internet oder als Lernprogramm – konfrontiert Lernende mit authentischen problemorientierten Lernsituationen. Um der Heterogenität der Lerner gerecht zu werden, biete sie verschiedene Perspektiven auf die Lerninhalte und verschiedene Möglichkeiten zum Problemlösen an. Die Gestaltungsansätze der komplexen problemorientierten Ausgangssituation, Authentizität und Situiertheit, sowie Multiperspektivität fördern die Transferierbarkeit des erworbenen Wissens und der aneigneten Fähigkeiten auf flexible reale Problemstellungen. Eine gute Lernumgebung ist derart gestaltet, dass sie zum Lernen motiviert, sowie selbstreguliertes Lernen, aber auch kooperative Lernformen ermöglicht. Zudem ist eine Rückmeldefunktion über den jeweiligen Lernerfolg elementar.[143]

3.1.2 Vorstellung der onlinebasierten Lernumgebung „geo:spektiv"

„geo-spektiv"[144] ist eine Lernplattform der Pädagogischen Hochschule Heidelberg, welche Lernenden der fünften bis dreizehnten Klassenstufe auf Grundlage einer bundesweiten Bildungsplananalyse[145] zehn Lernmodule zu raumbedeutsamen Fragestellungen der Umwelterziehung, BNE, des interkulturellen Lernens, sowie globalen Lernens anbietet. Die entsprechenden Lerninhalte werden anhand von authentischen problemorientierten Lernszenarien dargeboten und anhand von originalen Quellen (z.B. Zeitungsartikel, Blogeinträge), mit Bild- und Videomaterial, Satellitenbilder der Erdbeobachtungssysteme „RapidEye" und „TerraSAR-X" und verschiedensten weiteren Medien (z.B. Klimadiagramme, Google Street View) veranschaulicht, sowie durch kurze Sachtexte erläutert. Die Module sollen von

---

[143] Vgl.: Dörr, G. & Strittmatter, P. (2002), S. 31f
[144] Online unter: http://www.geospektiv.de/
[145] Online unter: http://www.rgeo.de/cms/p/bpa/

den SuS innerhalb von circa 90 Minuten durch Beantwortung von aufeinander aufbauenden Teilfragen selbstständig gelöst werden. „geo:spektiv" zielt neben der Vermittlung von Fachwissen auf das Erlernen methodischer Kompetenzen zur Arbeit mit Satellitenbildern und der Fernerkundungssoftware „BLIF", sowie auf Kompetenzen zur Informationsgewinnung aus Medien allgemein. Die Vielfältigkeit des Medienaufgebots beachtet das Prinzip der Anschaulichkeit, sowie die Individualität der Lerntypen und Lernvorlieben. Ein Intelligentes Bewertungs- und Hilfesysteme erkennt Fehler und bietet dem Lerner individuelles Feedback. Dem folgend passt die adaptive Programmierung der Lernumgebung die Aufgabenschwierigkeit an die jeweiligen Fähigkeiten des Lerners an. Diese Features dienen der Vermeidung von Überforderung und Frust und helfen den individuellen Lernprozess effektiv und motivierend zu gestalten. Zur Gewährleistung der Qualität von „geo:spektiv" werden die Module ständig von Pädagogen, Wissenschaftlern und Lernenden evaluiert. Die Nutzung von „geo:spektiv" ist für Lehrende und Lernende vollständig kostenlos. Es ist lediglich eine Registrierung notwendig.[146]

3.1.3 Untersuchung der Eignung onlinebasierter Lernumgebungen für den Geographieunterricht am Beispiel „geo:spektiv"

Schülerorientierung: „geo:spektiv" zeichnet sich durch Schülerorientierung aus. Durch Orientierung an den Rahmenlehrplänen der Bundesländer herrscht eine hohe Passung zwischen den Themen und Inhalten der Lernmodule, den zu vermittelnden Lehrplanzielen und -inhalten, sowie des vorauszusetzenden Fachwissens und der Kompetenzen der Lernenden. Zudem ermöglicht die adaptive Programmierung je nach Können differenzierte Inhalte und Aufgabenstellungen und stellt individuelle Hilfe zur Verfügung.

Lebensweltbezug: Obwohl die Arbeit mit Satellitenbildern und Fernerkundungssoftware aus Sicht der SuS nur bedingt dem Prinzip der Alltagsorientierung entspricht, beziehen sich Themen und Inhalte der Module auf wichtige raumbedeutsame Probleme. Diese sind in authentischen Situationen verankert (z.B. „Hochwasserkatastrophe in Deutschland"), werden durch originale Gegenstände veranschaulicht (z.B. Satellitenbilder, originale Zeitungsberichte) und anhand dieser erarbeitet (z.B. Satellitenbilder, Fernerkundungssoftware).

---

[146] Vgl.: geo:spektiv (o. J.), http://www.geospektiv.de/was-ist-geospektiv [letzter Zugriff: 08.01.2018]

Problemorientierung: Alle Lernmodule von „geo:spektiv" setzen sich mit aktuellen raumbedeutsamen Problemen hoher gesellschaftlicher, ökonomischer oder ökologischer Relevanz auseinander und konfrontieren die Lernenden unter Betrachtung verschiedener Perspektiven mit z.b. deren Ursachen, Folgen und Handlungsempfehlungen.

Selbsttätigkeit: Die Lernmodule geben den Ablauf der Lernhandlung vor, daher ist eine individuelle Selbstorganisation der Lernhandlung bei der Erarbeitung der Module nicht möglich. Findet das Lernen mit „geo:spektiv" nicht im Präsenzunterricht, sondern im Sinne von E-Learning beispielsweise in Heimarbeit statt, ist ein größerer Freiheitsgrad der Selbstorganisation des Lernens, z.B. durch Bestimmung von Lernzeit und Lernort, möglich.

Handlungsorientierung: „geo:spektiv" ermöglicht schüleraktives Lernen mit Kopf (Anwendung und Erweiterung des Fachwissens), Herz (an relevanten Problemen unserer Zeit) und Hand (mithilfe von fachspezifischen Medien und Methoden).

Differenzierung und Individualisierung: Die Konzeption der Lernplattform gibt die Sozialform Einzelarbeit, die Aktionsform entdeckenlassendes Lernen, sowie die jeweiligen Medien vor. Allerdings ermöglicht die adaptive Programmierung individualisierte Inhalte, Schwierigkeitsgrade und Hilfestellungen bei der Bearbeitung. Zudem spricht die Arbeit mit den verschiedenen Medientypen unterschiedliche Sinne und Lerntypen an.

Vernetztes Denken und Multiperspektivität: „geo:spektiv" versucht Themen und Lerninhalte in ihrer Bedeutung für alle Bereiche des menschlichen Lebens und der Umwelt von der Lokalebene bis zur Globalebene darzustellen und deren Vernetzung aufzuzeigen.

Anschaulichkeit: „geo:spektiv" zeichnet sich durch eine hohe Anschaulichkeit aus. Nahezu alle Lerninhalte werden anhand von fachgeographischen Medien (z.B. Klimadiagramme) und didaktisch sinnvoll eingesetzten Massenmedien (z.B. Zeitungsberichte) erarbeitet oder mithilfe jener Medien illustriert (z.B. YouTube-Interviews). Dies ermöglichen den SuS eine umfassende mittelbare direkte Begegnung und fördert konkrete Vorstellungen über Lerninhalte und Lerngegenstände.

Realbegegnung: Lernen über Medien stellt bereits per Definition keine Realbegegnung dar. Eine Primärerfahrung von Lerninhalten und Lerngegenständen der „geo:spektiv"-Module ist im schulischen Rahmen aufgrund deren räumlicher Distanz kaum möglich. Lernen mit originalen Satellitenbildern stellt dahingegen eine Form der Realbegegnung (mit der Arbeit an Satellitenbildern) dar.

Nahraumbezug und Heimaterziehung: Lernziele und Inhalte von „geo:spektiv" werden anhand verschiedener Lernmodule vermittelt. Die dabei zu untersuchenden Problemfelder im Schnittpunkt zwischen Mensch und Umwelt sind dabei rund um den Globus verortet, weshalb eine konkrete Begegnung mit den jeweiligen Phänomenen unwahrscheinlich erscheint. Ziel von „geo:spektiv" ist jedoch exemplarisches Lernen an jenen Phänomenen, stellvertretend für so oder so ähnlich rund um den Globus auftretenden Sachverhalten zur Gewinnung allgemeingültiger Aussagen. Diese müssen folglich vom Lehrenden zum Zweck der Vermeidung von trägem (da zu spezifischen) Wissen bzw. zum Aufbau von flexiblen anwendungsbereiten Wissen und Fähigkeiten, welches sich im Sinne der Heimaterziehung auch im heimaträumlichen Tun und Schaffen der SuS wiederspiegeln soll, durch das Prinzip des Nahraumbezugs auf den Heimatraum übertragen werden.

Globales Lernen: „geo:spektiv" stellt alle Lerninhalte ziel- und adressantegerecht reduziert, jedoch fachwissenschaftlich korrekt dar. Aus- und Wechselwirkungen lokaler Phänomene und Probleme auf höheren Ebenen (und umgekehrt) werden dabei skizziert und erläutert. Somit wird Erlernen und Einnahme einer global vernetzten Perspektive durch die Arbeit mit der Lernplattform gefördert. Kognitive Lernziele globalen Lernens können dabei durchaus in selbstständigen Erarbeitung durch die SuS erlangt werden. Affektive Ziele globalen Lernens werden dagegen in sozialen Lernformen (z.B. Diskussionen) effektiver verwirklicht.[147]

Umwelterziehung: Aufgrund der lebensweltnahen und problemorientierten Auswahl und Darstellung der Lerninhalte von „geo:spektiv", sowie deren emotional ergreifenden Aufarbeitung in Verbindung mit ihrer global vernetzten Analyse eignen sich Lernmodule wie „Regenwald in Gefahr", „Die Dürre in Kalifornien" oder „Wasserkonflikt auf Teneriffa" hervorragend als Basis zur Umwelterziehung.

Bildung für nachhaltige Entwicklung (BNE): Aufgrund der lebensweltnahen und problemorientierten Auswahl und Darstellung der Lerninhalte von „geo:spektiv", sowie deren emotional ergreifenden Aufarbeitung in Verbindung mit ihrer global vernetzten Analyse eignen sich Lernmodule wie „Regenwald in Gefahr", „Die Dürre in Kalifornien", „Wasserkonflikt auf Teneriffa", „Urbanisierung

---

[147] Vgl.: Hänze, M. (2008), 24f

und Megastädte", „Ernährungssicherung in Afrika", „Leben am Vulkan" oder „Tsunami 2011 – Wiederaufbau nach einer Katastrophe" als Basis zur BNE.

Interkulturelles Lernen und Friedenserziehung: Aufgrund der lebensweltnahen und problemorientierten Auswahl und Darstellung der Lerninhalte von „geo:spektiv", sowie deren emotional ergreifenden Aufarbeitung in Verbindung mit ihrer global vernetzten Analyse eignen sich Lernmodule wie „Urbanisierung und Megastädte", „Ernährungssicherung in Afrika" oder „Tsunami 2011 – Wiederaufbau nach einer Katastrophe" als Basis zum interkulturellen Lernen und zur Friedenserziehung.

3.1.4 Ableitung von Chancen und Risiken onlinebasierter Lernumgebungen am Beispiel „geo:spektiv"

Chancen für die Arbeit im Geographieunterricht

Ausgehend von den Untersuchungen aus Kapitel 3.1.3 kann zusammengefasst werden, dass „geo:spektiv" für die Arbeit im Geographieunterricht geeignet ist. Positiv hervorzuheben ist die thematisch und inhaltliche Ausrichtung an den Lehrplänen, sowie die kognitive und methodische Ausrichtung an in den jeweiligen Klassenstufen zu erwartenden Kenntnissen und Fähigkeiten. Die Lernmodule konfrontieren die SuS mit authentischen problemorientierten Aufgabenstellungen und Lernszenarien, welche mithilfe fachspezifischer Medien veranschaulicht und erarbeitet werden. Ziel ist neben der Aneignung von Fachwissen auch das Erlernen von geographiespezifischen Arbeitsmethoden. Die thematisch-inhaltliche Ausrichtung, sowie die anschauliche und emotionale Präsentation der Lerninhalte, fördern insbesondere die fächerübergreifenden Bildungs- und Erziehungsziele Umwelterziehung, BNE, sowie globales Lernen und interkulturelles Lernen. Die multicodale und multimodale Darstellung, sowie die adaptive Programmierung und intelligente Hilfefunktionen zollen der Individualität des Lernens Rechnung. Dies ermöglicht im Sinne der Lerntheorie einen hohen Lernerfolg. Die Verbindung von Lernen mit Unterhaltung (z.B. durch YouTube-Videos, echte Blogeinträge, Google Street View) ermöglicht im Sinne Rheinbergs handlungsspezifischer Anreize motiviertes Lernen. Der sächsische Lehrplan für das Fach Geographie fordert von den SuS bereits früh einen zunehmenden Grad an Selbstorganisation und Selbsttätigkeit. Beispielsweise nennt der Lehrplan diesbezüglich in Klassenstufe 8 das Grobziel *„Zunehmend selbstständig nutzen sie das Internet zur Informationsbe-*

schaffung und Informationsverarbeitung und erweitern ihre Fähigkeiten beim Auswerten von Sachtexten, Diagrammen und Bildern."[148], sowie in Klassenstufe 10 das Grobziel „*Die Schüler werden zur reflektierten Nutzung vielfältiger Informationsquellen befähigt, um eigenständig Rauminformationen gewinnen, verarbeiten, dokumentieren, präsentieren und bewerten zu können.*"[149] Diese Ziele kann der Lehrende umsetzen, indem er eine offene Lernumgebung schafft, welche sich des Arbeitsmittels „geo:spektiv" bedingt. Dies kann schulisch beispielsweise im Sinne des Blended Learnings oder außerschulisch im Sinne des Flipped-Classroom-Prinzips umgesetzt werden. Studien belegen einen positiven Einfluss der selbstständigen Arbeit mit Laptop oder Tablet auf Motivation[150], Kooperation[151], Medienkompetenz[152] und Selbstlernkompetenz[153].

Risiken für die Arbeit im Geographieunterricht

Allerdings belegen verschiedene Studien auch negative Effekte der schulischen Arbeit mit Laptop und Tablet.[154] Eine besondere Gefahr für Effektivität und Gelingen von onlinebasierenden Lernszenarios stellt dabei das Ablenkungspotential des Internets dar.[155] Daher liegt es in der Verantwortung des Lehrenden die Klasse hinsichtlich abschweifender Internetnutzung zu überwachen und gegebenenfalls zu intervenieren. Eine Lösung hierfür stellt Überwachungssoftware für den Schuleinsatz dar. Zusätzlich sollte in lehrerzentrierten oder kommunikativen Unterrichtssequenzen der Internetzugang geblockt werden, um die Aufmerksamkeit der SuS zu gewährleisten.

---

[148] Sächsisches Staatsministerium für Kultus (2009), S. 18
[149] Ebd., S. 24
[150] Z.B.: Bitkom (2011); Schaumburg, H. et al. (2007)
[151] Z.B.: Tutty, J. & White, B. (2006); Koile, K. & Singer, D. (2008)
[152] Z.B.: Bitkom (2011); Reinmann, G. & Häuptle, E. (2006)
[153] Z.B.: Schulz-Zander, R. (2005)
[154] Aufgrund der großen Anzahl betreffender Studien wird an dieser Stelle auf Spitzer, M. (2006), S. 3 verwiesen, der diese in seinem Bericht „Risiken und Nebenwirkungen digitaler Informationstechnik" für den hessischen Landtag zusammenfasst.
[155] Vgl.: Vigdor et al. (2014)

3.1.5 Unterrichtsvariante

Verortung und Ziele der Lerneinheit

Im Folgenden soll eine Möglichkeit der schulischen Einbindung onlinebasierter Lernumgebungen am Beispiel des „geo:spektiv" - Lernmodul „Regenwald in Gefahr" beschrieben und analysiert werden. Das Modul eignet sich, um in Klasse 8, LB 3: „Beispiel der Raumnutzung des Doppelkontinents"[156] das kognitve Lernziel der Kenntnisse über Ausmaß, Ursachen und Folgen des Raubbaus am tropischen Regenwald zu vermitteln. Aufbauend auf diesen Kenntnissen sollen die SuS zu den methodisch-affektiven Lernzielen befähigt werden, *„Raumentwicklungsprozesse am Beispiel von Amazoniens [zu beurteilen, M.S.]"*.[157], sowie *„Sich (...) zu Eingriffen des Menschen in den Naturhaushalt [zu positionieren, M.S.]"*[158] Außerdem ist der Lehrende dazu angehalten, die Problematik mit den SuS zu diskutieren und dadurch auf die SuS in Richtung der fachübergreifenden Erziehunsziele Umwelterziehung und BNE einzuwirken.[159] Zudem nennt der Lehrplan in Klassenstufe 8 das methodische Ziel *„Zunehmend selbstständig nutzen sie das Internet zur Informationsbeschaffung und Informationsverarbeitung und erweitern ihre Fähigkeiten beim Auswerten von Sachtexten, Diagrammen und Bildern. Die Schüler entwickeln ihre sprachlichen Fähigkeiten weiter, indem sie komplexere geographische Zusammenhänge erklären."*[160]

Beschreibung und Analyse der Lerneinheit

Schulisches Lernen mit onlinebasierten Lernumgebungen stellt eine Form des Blended Learnings dar (Variante: Präsenzveranstaltung mit Verwendung von Online-Materialien). In Phase 1 erarbeiten sich die SuS anhand der Lernplattform zunächst selbstständig Faktenwissen. Lehrauftrag und Konzept (Kapitel 3.1.2), sowie die Analyse der Unterrichtsprinzipien (Kapitel 3.1.3) und Lernchancen (Kapitel 3.1.4) zeigen die hervorragende Eignung von „geo:spektiv" zum selbstständigen Lernen. Das Lernmodul „Regenwald in Gefahr" lehrt die SuS ein breites Überblickswissen z.B. über Verortung und Größe der Regelwälder, Status-Quo von Nutzung und Abholzung, Bedeutung als einzigartigen Lebensraum für einzigarti-

---

[156] Vgl.: Sächsisches Staatsministerium für Kultus (2009), S. 19
[157] Ebd., S. 19
[158] Ebd., S. 15
[159] Vgl.: ebd., S. 15
[160] Ebd., S. 18

ge Tier- und Pflanzenarten, Funktionen der Regelwälder, Folgen des Raubbaus usw. Somit kann bereits durch die selbstständige Arbeit mit dem Lernmodul das kognitive Lernziel der Vermittlung von Kenntnissen über Besiedlung, Rohstoffgewinnung und Folgen erreicht werden, welches als wichtige individuelle Wissensgrundlage zur weiteren gemeinsamen Arbeit am Unterrichtsgegenstand dient. Zudem folgt die Planung dem methodischen Lernziel des Kompetenzaufbaus zur selbstständigen Informationsbeschaffung, -verarbeitung und -auswertung anhand der Modul-Einzelmedien, sowie aus der Arbeit mit Satellitenbildern und Fernerkundungssoftware. Das Modul „Regenwald in Gefahr" umfasst eine Bearbeitungszeit von circa 90 Minuten. Daher müssen für Phase 1 zwei Unterrichtsstunden eingeplant werden, welche zur Steigerung der Effizient von Lernen und Unterrichtsorganisation in einer Doppelstunde liegen. Sollten einzelne Schüler die Erarbeitung in der vorgesehenen Zeit nicht vollständig abschließen können, so erfolgt das als Hausaufgabe in Heimarbeit. Phase 2 schließt sich in der nächsten Stunde an. Sie dient der Diskussion über die individuell gewonnenen Erkenntnisse über das Ökosystem Regenwald vor dem Hintergrund der durch die Eingriffe des Menschen angestoßenen wirtschaftlich-ökologischen Raumentwicklungsprozesse. Dabei üben die SuS soziale und kommunikative Kompetenzen. In der Aufgabe des Lehrenden in der Rolle des Moderators und Diskussionsleiters liegt auf die SuS in Richtung Umwelterziehung und BNE einzuwirken.

3.2 Lern-Apps für Tablet und Smartphone am Beispiel der App „Dynamic Plates"

3.2.1 Begriffsbestimmung Lern-Apps

App ist die Kurzform des englischen Wortes „Application" und bedeutet übersetzt Anwendung. Der unscharf umrissene Begriff schließt eine Vielzahl verschiedenster Software für Smartphones und Tablets ein.[161] Lern-Apps sind Programme, welche in einer mehr oder minder didaktisch aufbereiteten Lernumgebung Materialien und Aufgaben zu einem bestimmten Thema anbieten.[162] Media Literacy

---

[161] Vgl.: App Entwickler Verzeichnis (o. J.), http://www.app-entwickler-verzeichnis.de/faq-app-entwicklung/11-definitionen/31-apps-und-webapps-definition [letzter Zugriff: 08.01.2018]

[162] Trotz intensiver Suche auf www.google.de konnte keine Definition des Begriffes „Lern-App" gefunden werden. Stattdessen scheint es, als wenn heute selbstverständlich mit dem Begriff umgegangen wird. Daher musste eine Arbeitsdefinition selbstständig aufgestellt werden.

Lab – das „Forum für Open Learning in der Medienpädagogik" der Johannes-Gutenberg-Universität Mainz – nennt diesbezüglich als wichtige Qualitätskriterien von Lern-Apps Altersangemessenheit, Attraktivität und Benutzerfreundlichkeit. Fast noch wichtigere Merkmale sind jedoch verantwortungsbewusster Umgang mit Social-Media-Elementen und kommerzielle Elemente, Wahrung von Sicherheit und Privatsphäre, sowie Vertrauenswürdigkeit der App.[163,164] Allerdings muss nach Sichtung verschiedenster Lern-Apps konstatiert werden, dass diese Kriterien von den einzelnen Apps höchst unterschiedlich erfüllt werden und deren Qualität, auch hinsichtlich der didaktischen Aufbereitung und Darstellung der Inhalte, von katastrophal bis hervorragend reicht. Daher wird ein Test jeder Lern-App vor dem Schuleinsatz empfohlen.

3.2.2 Vorstellung der Lern-App „Dynamic Plates"

„Dynamic Plates"[165] ist eine Lern-App für Android und iOS, die Phänomene und Prozesse der Plattentektonik erklärt. Zunächst können mithilfe von sieben interaktiven Animationen die Entstehung und Auswirkung von Vulkanausbrüchen, Erdbeben und Tsunamis, sowie die Gebirgsorogenese, die Entstehung von geologischen Verwerfungen, die Öffnung von Riffen und Entstehung von Ozeanen, sowie die Bildung von Vulkanarchipelen und das Wirken von Hot Spots entdeckt werden. Im Anschluss werden die dafür ursächlichen Prozesse durch lehrbuchartige Sachtexte erklärt und durch beschriftete Modelle illustriert. Auch werden die Auswirkungen echter plattentektonischer Ereignisse anhand von Originalfotos aufgezeigt. Diese wurden erklärend beschriftet und auf einer Weltkarte verortet. Der individuelle Lernerfolg kann abschließend anhand eines Quiz-Spiels überprüft werden. Die App wurde vom italienischen Geographielehrer Enzo Pancucci entwickelt und für die Nutzung in der Schule konzipiert. Beispielsweise kann sie auch auf dem Beamer dargestellt werden. Außerdem betont Herr Pancucci ihre Eignung für die Flipped-Classroom-Methode. Die Bedienung ist sehr einfach, denn sie wird anhand von kurzen Texten und animierten Piktogrammen erklärt und erfolgt dann schnell intuitiv. Dabei werden die Platten mit den Fingern verschoben bis der nächste Prozessschritt eintritt und die Erde zum Leben erwacht. Die

---

[163] Vgl.: Media Literacy Lab (2013), S. 4ff
[164] Kompletter Katalog einsehbar unter: https://medialiteracylab.de/wp-content/uploads/2013/06/Kriterienkatalog-Version-1.01.pdf
[165] Herunterladbar im „Android Play Store" unter: „Dynamic Plates"

App richtet sich an SuS der Oberstufe. Sie ist mehrsprachig deutsch, englisch, französisch und italienisch. Ihr Preis beträgt 1,99 Euro.

3.2.3 Untersuchung der Eignung von Lern-Apps für den Geographieunterricht am Beispiel „Dynamic Plates"

Schülerorientierung: „Dynamic Plates" ist eine Lern-App, welche für die selbstständige Nutzung durch die SuS im Flipped-Classroom-Prinzip oder die Verwendung im Unterricht konzipiert wurde. Daher ist sie didaktisch auf die Bedürfnisse und Anforderungen der SuS ausgerichtet. Alle Inhalte sind wissenschaftlich korrekt und schülergerecht formuliert. Die Darstellung der plattentektonischen Prozesse ist anschaulich auf das Wesentliche reduziert und einfach zu begreifen. Die Bedienung ist intuitiv gestaltet und wird zu Beginn jedes Szenarios kurz erläutert. Daher ist die App auch für jüngere SuS geeignet. Zudem steht ihnen eine Hilfefunktion zur Verfügung. Das abschließende Quiz verbindet spielerische Elemente mit der Lernerfolgskontrolle.

Lebensweltbezug: Der Lebensweltbezug der Anwendung ist vergleichsweise gering, was allerdings ihrer Thematik geschuldet ist, da plattentektonische Prozesse im mitteleuropäischen Raum weit weniger verbreitet sind als beispielsweise in Ländern entlang des pazifischen Feuerrings. Positiv ist hervorzuheben, dass die Erarbeitung anhand einer App einen hohen Bezug zur multimedial geprägten Lebenswelt der SuS darstellt.

Problemorientierung: Ziel der App ist die Vermittlung konkreter Kenntnisse über Plattentektonik und plattentektonische Prozesse. Dieses spezielle Grundlagenwissen ermöglicht keinen naheliegenden sinnvollen Transfer auf anderweitige Lebens- oder Umweltbereiche.

Selbsttätigkeit: „Dynamic Plates" wurde unter andern für das Flipped-Classroom-Prinzip konzipiert. Diese Methode zeichnet sich durch die Möglichkeit vollkommener Selbstorganisation und Selbsttätigkeit des Lernens aus.

Handlungsorientierung: „Dynamic Plates" ist eine Form schüleraktiven und experimentellen Lernens mit Kopf und Hand.

Differenzierung und Individualisierung: „Dynamic Plates" an sich bietet keine Möglichkeiten der Differenzierung des Lernangebotes, z.B. durch verschiedene Schwierigkeiten an.

Vernetztes Denken und Multiperspektivität: „Dynamic Plates" vermittelt vornehmlich den monokausalen Zusammenhang, dass durch Bewegungen der Erdplatten tektonische Ereignisse wie Erdbeben, Vulkanausbrüche, Tsunamis, usw. ausgelöst werden. Vernetztes Denken wird lediglich insofern gefordert, dass in einigen Szenarios die Folgen dieser Großereignisse für die Menschen (z.B. einstürzende Häuser oder überschwemmte Küstenabschnitte) dargestellt werden und somit ein Konnex zwischen physio- und anthropogeographischen Sachverhalten geschaffen wird.

Anschaulichkeit: Die große Stärke von „Dynamic Plates" liegt in seiner Anschaulichkeit. Im Gegensatz zur Arbeit mit statischen Modellen werden die plattentektonischen Prozesse haptisch ausgelöst und audiovisuell vermittelt, wodurch mehr Sinne angesprochen werden und eine höhere Erlebnistiefe erzielt wird. Nach Ablauf der Animation können Inhalte anhand von Modellskizzen und Fachtexten erarbeitet werden. Abschließend ermöglichen echte Fotos, z.B. von Vulkanen oder Verwerfungen, die mittelbare direkte Anschauung mit besagten Sachverhalten.

Realbegegnung: Eine Realbegegnung mit tektonischen Sachverhalten ist in vielen Räumen der Erde möglich, da deren Spuren meist unübersehbar sind. Allerdings möchte ich den Mehrgewinn derartiger Erfahrungen gegenüber der medialen Vermittlung entsprechender Lerninhalte hinterfragen. So folgt etwa aus der Besteigung der „Lausitzer Verwerfung" immer noch kein Verständnis der Bruchtektonik. Vielmehr bedürfen solche Prozesse aufgrund ihrer gigantischen räumlichen Ausdehnung, sowie ihrer langsamen Prozessgeschwindigkeit einer medialen Vermittlung.

Nahraumbezug und Heimaterziehung: Im Umkehrschluss liegt es in der Aufgabe des Lehrenden einen Nahraumbezug herzustellen. Beispielsweise könnten die SuS nach dem Erklimmen der „Lausitzer Verwerfung" die App starten und die Prozesse, welche zur Entstehung dieses tektonischen Naturdenkmals geführt haben, nacherleben.

Globales Lernen: Die Thematik Plattentektonik weist keine Schnittmenge mit Globalisierung und globalen Lernen auf. Daher kann die App schwerlich dem globalen Lernen dienen.

Umwelterziehung: Die Thematik Plattentektonik weist keine Schnittmenge mit Umwelterziehung auf.

Bildung für nachhaltige Entwicklung (BNE): Die Thematik Plattentektonik weist keine Schnittmenge mit BNE auf.

Interkulturelles Lernen und Friedenserziehung: Die Thematik Plattentektonik als rein physiogeographisches Phänomen weist an sich keine Schnittmenge mit interkulturellen Lernen und Friedenserziehung auf. Werden allerdings Folgen tektonischer Großereignisse, z.b. von Erdbeben zerstörte Städte oder durch Tsunamis verwüstete Landstriche, im Unterricht thematisiert schaden Empathie und Mitgefühl für die Betroffenen nicht, die zudem auf Hilfe aus dem Ausland angewiesen sind. Ob es gelingt und sinnvoll ist einen Bogen von der App, welche sich mit der Entstehung dieser Ereignisse befasst, zum interkulturellen Lernen zu schlagen liegt an der Unterrichtskonzeption des Lehrenden.

3.2.4 Ableitung von Chancen und Risiken von Lern-Apps am Beispiel „Dynamic Plates"

Chancen für die Arbeit im Geographieunterricht

Die Analyse in Kapitel 3.2.3 zeigt, dass sich „Dynamic Plates" durch eine hohe Schülerorientierung hinsichtlich der Darbietung der Lerninhalte, Sprache, Anschaulichkeit, Bedienung und Hilfestellung auszeichnet. Hervorzuheben ist die Mehrstufigkeit des Lernprozesses, welche den Prinzipien vom Einfachen zum Komplexen, sowie vom Anschaulichen zum Abstrakten folgt. Dabei werden die Lerninhalte nacheinander in verschiedenen Formen dargeboten (1. Interaktive Modelle, 2. Sachtexte und statische Modelle, 3. Illustration anhand von Originalfotos). Die daraus resultierende Multicodalität und Multimodalität beachtet unterschiedliche Lerntypen und Lernvorlieben. Zudem sichert die Kombination aus Wissensvermittlung und spielerischen Elementen entdeckenlassenden Lernens im Sinne Rheinbergs tätigkeitsspezifischer Anreize motiviertes Arbeiten. Daher eignet sich die App trotz der Komplexität des Lerngegenstandes und ihrer hohen Informationsmenge zum selbstorganisierten und selbstständigen Lernen, z.B. im Flipped-Classroom-Prinzip. Somit kann bei der Arbeit mit „Dynamic Plates" nicht nur Fachwissen, sondern auch wichtige Erziehungsziele der Schule, wie z.B. Selbstkompetenz oder Lernkompetenz, vermittelt werden.

Risiken für die Arbeit im Geographieunterricht

Die größte Stärke von „Dynamic Plates" ist zugleich die größte Schwäche der App. Diese weist zwar hohes Potential zur Vermittlung der Plattentektonik auf, aber missachtet dabei weitere wichtige Unterrichtsprinzipien. Beispielsweise könnte der Mangel an Problemorientierung und Lebensweltbezug zu Desinteresse am Unterrichtsgegenstand und zum Aufbau trägen Wissens führen. Zudem können weder Fachmethoden angewandt, noch ohne Nutzung pädagogischer Kniffe Werte- und Normenerziehung (Umwelterziehung, BNE, usw.) oder aktionale Lernziele vermittelt werden. Damit ist die App insgesamt relativ einseitig und gleicht mehr einem interaktiven Lehrbuch, als einer vielseitig einsetzbaren Lernplattform wie beispielsweise „geo:spektiv".

3.2.5 Unterrichtsvariante

Verortung und Ziele der Lerneinheit

Im sächsischen Lehrplan des Faches Geographie ist die Thematik Plattentektonik in Klasse 8, Lernbereich 2: „Der Doppelkontinent Amerika im Überblick" verortet.[166] Als übergeordnetes Richtziel der Klassenstufe 8 wird *„Die Schüler erkennen, dass die heutigen Reliefeinheiten das Ergebnis des langwierigen Wirkens endogener und exogener Kräfte sind. Sie analysieren das Wirken formenbildender Kräfte bei der exemplarischen Betrachtung von Vorgängen an den Plattenrändern."*[167] genannt. Als Grobziel entsprechender Unterrichtseinheit wird „Kennen der Entstehung ausgewählter Oberflächenformen"[168], sowie die Lerninhalte *„Gliederung der Erde in Platten, deren Bewegung und Folgen"*[169] und *„Anden, San-Andreas-Spalte"*[170] genannt. Des Weiteren werden die methodischen Ziele *„Zunehmend selbstständig nutzen sie das Internet zur Informationsbeschaffung und Informationsverarbeitung und erweitern ihre Fähigkeiten beim Auswerten von Sachtexten, Diagrammen und Bildern. Die Schüler entwickeln ihre sprachlichen Fähigkeiten weiter, indem sie komplexere geographische Zusammenhänge erklären."*[171] aufgeführt.

Beschreibung der Lerneinheit

Grundlage für das selbstständige Lernen mit „Dynamic Plates" sind Kenntnisse über den Schalenbau der Erde. Geplant ist, dass sich die SuS im Flipped-Classroom-Prinzip Kenntnisse der Plattentektonische Prozesse an 1. konvergierenden Plattengrenzen am Bsp. der Anden, 2. konvergierende Plattengrenzen am Bsp. des Himalaya, 3. divergierende Plattengrenzen am Bsp. des Mittelatlanti-

---

[166] Vgl.: Sächsisches Staatsministerium für Kultus (2009), S. 18f
[167] Ebd., S. 18
[168] Ebd., S. 19
[169] Ebd., S. 19
[170] Ebd., S. 19
[171] Ebd., S. 18

schen Rückens, 4. seitlich gleitenden Plattengrenzen am Bsp. der San-Andreas-Verwerfung und 5. Hot Spots am Bsp. der Hawaiianischen Inseln erarbeiten. Zur Heimarbeit werden die SuS in fünf gleichstarke Gruppen zu je fünf bis sechs SuS eingeteilt. Jeder der SuS erarbeitet dann entsprechend seiner Zuteilung einen der plattentektonischen Prozesse. In der Folgestunde werden die SuS wiederum in fünf Gruppen eingeteilt, wobei jeder Gruppe jeweils ein Experte für einen der fünf plattentektonischenn Prozesse zugeteilt wird. Die Experten unterrichten die Gruppenmitglieder mithilfe ihrer Ausarbeitung über ihren Prozess. Als Arbeitsmittel wird jeder Gruppe ein Tablet mit „Dynamic Plates" ausgehändigt. Dieses dient zur Veranschaulichung der Schülervorträge, insbesondere im Fall von Verständnisproblemen oder weiterführenden Fragen. Die Ergebnissicherung findet auf Arbeitsblättern mit Lückentexten und Blankomodellen der einzelnen Prozesse statt. Die übergeordnete Methode stellt Flipped-Classroom dar. Die Unterrichtskonzeption an sich stellt eine abgewandelte Variante des Gruppenmixverfahrens dar, wobei Lerninhalte in Phase 1 in Heimarbeit erarbeitet und Ergebnisse in Phase 2 in Expertenrunden präsentiert werden.

Analyse der Lerneinheit

Phase 1 ermöglicht den SuS selbstorganisiertes Arbeiten nach den individuellen Lernbedürfnissen und Lernvorlieben (z.B. könnte neben der App auch Lernvideos genutzt werden)[172] und fördert Methoden-, Medien- und Selbstlernkompetenzen. Aufgrund des Arbeitsauftrages der Instruktion sind die Experten zur intensiven Auseinandersetzung mit der Thematik gezwungen. Phase 2 des Gruppenmixverfahrens gibt den SuS Raum zum vertiefenden Austausch (z.B. kann bei Unklarheiten beim Experten nachgefragt werden und sich nochmal gemeinsam in der App die Animationen angeschaut oder der Sachtext gelesen werden). Dadurch werden soziale Kompetenzen und das Miteinander gefördert. Die vorliegende Unterrichtsplanung bzw. die Arbeit rund um die App „Dynamic Plates" liefert damit einen wichtigen Beitrag zum selbstständigen und differenzierten, sowie kooperativen und sozialen Lernen.

---

[172] Gute Lernvideos zum Thema Plattentektonik können z.B. im Flipped-Classroom-Portal von „Lehrer Schmidt" gefunden werden. Online unter: https://www.lehrer-schmidt.de/erdkunde/

3.3 Virtual Reality am Beispiel der App „Expeditions"

3.3.1 Begriffsbestimmung Virtual Reality

Virtual Reality bezeichnet die computergenerierte Simulation einer dreidimensionalen realen oder digital erschaffenen Umgebung, in die eine Person mithilfe spezieller Hardware – sogenannten Head-Mounted-Displays oder VR-Brillen – und Software eintauchen kann. Ziel ist eine sinnlich möglichst vollständige Wahrnehmung der VR unter Erweckung intensiver emotionaler Reaktionen.[173] Während onlinebasierte Lernumgebungen, Lern-Apps oder Lern-Programme im schulischen Kontext bereits seit Jahren Verwendung finden stellt VR in der breiten öffentlichen Wahrnehmung noch relatives Neuland dar. Gewichtige Gründe dafür sind der vergleichsweise hohe Preis für die VR-Hardware und ein empfundener Mangel an Mehrwert.[174]

3.3.2 Vorstellung der App „Expeditions"

Googles „Expeditions"[175] ist eine speziell für Schulen und die Verwendung im Unterricht entwickelte VR-App, welches es bis zu 30 SuS ermöglicht virtuelle Klassenfahrten zu über 600 Orten zu unternehmen. Diese sind thematisch breit gefächert und reichen von virtuellen Museumsbesuchen (z.B. ins American Museum of Natural History), über Expeditionen zu Naturwundern (z.B. in den Urwald Amazoniens, zu den Aurora Borealis oder in die Antarktis), bis hin zu Themen des Naturschutzes (z.B. „Erhaltung der Ozeane") oder der Nachhaltigkeit (z.B. „Wie aus Windkraft Elektrizität entsteht"). Auch ferne Völker werden geographisch thematisiert (z.B. „Farming In Tanzania"). Neben der Geographie können nahezu alle Fächer von „Expeditions" profitieren. In Biologie können die SuS den menschlichen Körper kennenlernen (z.B. „The Human Evolution – Physiological" oder

---

[173] Vgl.: Oxford University Press (o. J.),
https://en.oxforddictionaries.com/definition/virtuareality/ [letzter Zugriff: 08.01.2018]
[174] Sowohl die Untersuchung „Global Mobile Consumer Survey 2017 – Mobile Evolution" von Deloitte mit Fokus auf Privatpersonen, wie auch die Studie „Head Mounted Displays in deutschen Unternehmen - Ein Virtual, Augmented und Mixed Reality Check" von Deloitte, Fraunhofer und Bitkom mit Fokus auf Unternehmen zeigen eine geringe Marktdurchdringung der VR-Technologie. Zwar wird VR ein großes Potential bescheinigt, allerdings gäbe es immer gravierende Hindernisse, wie die technologische Unausgereiftheit, der hohe Preis für Hardware, der Mangel an wirklichen „Killer-Applications". Insgesamt erkennen Interessenten bisher noch keinen echten Mehrwert in VR.
[175] Weiterführende Informationen und Download der App unter:
https://edu.google.com/expeditions/#header

„Human Anatomy – Respiratory System"), in Geschichte können Reisen zu vergangenen Völker (z.B. „Greece") oder historischen Ereignissen (z.B. die Landung in der Normandie mit „World War II") unternommen werden und sogar Sozialwissenschaften (z.B. mit „Elizabeth Cady Stanton and Women's Rights" oder „Beating Ebola in Sierra Leone") oder berufsbildende Fächer (dank sogenannter „Career Expeditions", wie z.B. „Microbiome Scientist, Susan Perkins") finden fachrelevante virtuelle Exkursionen vor.

Jede Expeditionsgruppe wird in Expeditionsleiter „Guide" und Expeditionsteilnehmer „Entdecker" unterschieden, welche jeweils unterschiedliche Möglichkeiten und Rechte besitzen. Der Lehrer nimmt dabei die Rolle des Guides ein und führt die Entdecker durch die von ihm gewählte virtuelle Expedition. Dabei können innerhalb einer Expedition verschiedene Orte (sogenannte „Szenen") aufgesucht werden, welche jeweils ein eigenständiges 360° Panorama bieten. Innerhalb dieser Szenen können sich alle Teilnehmer frei und unabhängig voneinander umsehen. Damit dem Guide die volle Aufmerksamkeit der Entdecker zuteilwird und Inhalte ohne Ablenkung besprochen werden können, kann er jederzeit die Bildschirme der Entdecker einfrieren. Weiter hält die App für den Lehrenden eine Liste interessanter Objekte bereit, auf welche der Guide die Entdecker hinweisen kann. Diese werden dann auf den Endgeräten der Entdecker hervorgehoben. Die Liste kann durch den Guide ergänzt werden. Auch gibt es eine Zeichenfunktion zur Hervorhebung. Innerhalb der Benutzeroberfläche des Guides werden Thema und Inhalte der „Expedition" fachwissenschaftlich erläutert, sowie verschiedene themenrelevante (Einstiegs-) Fragen auf verschiedenen Niveaustufen vorgeschlagen und um die korrekten Antworten ergänzt, sodass der Guide ohne große Vorbereitung eine kompetente Führung leiten kann. Inzwischen ist es auch möglich, dass SuS selbstständig und ohne Lehrenden eigene Exkursionen unternehmen können, sodass beispielsweise selbstständiges Lernen in der Flipped-Classroom-Methode oder einfach nur selbstständiges Reisen aus Interesse heraus möglich wird.

Von technischer Seite verlangt die App lediglich ein halbwegs modernes Smartphone (welche heute bereits ab 200EUR erhältlich sind) und ein Cardboard je SuS, sowie idealerweise ein Tablet für den Lehrenden, welches diesem eine bessere Bedienbarkeit gewährleistet als das Smartphone. Zudem ist ein WLAN-Netz zur Synchronisierung der Teilnehmer nötig. Die App selbst ist kostenlos und auch alle

Exkursionen unentgeltlich heruntergeladen werden. Die „Expeditions-Plattform" stellt dem Lehrenden jederzeit Hilfe über die „Expeditions-Community"[176], das Schulungscenter[177], sowie das „Google for Education-Hilfeforum"[178] zur Verfügung. Außerdem gibt die Möglichkeit eines kostenlosen Schulbesuches durch einen „Expeditions-Trainer", welcher einen kompletten Klassensatz Hardware mitbringt und gemeinsam mit Lehrenden und SuS eine professionell geleitete Tour unternimmt, sowie den Lehrenden in der Benutzung des Programmes ausbildet. Zudem wird die App durch methodisch-didaktische Begleitmaterialien des Kooperationspartners „Stiftung Lesen" unterstützt und ergänzt, welche sich vornehmlich an die Klassenstufen 3 bis 6 richten.[179] Ein Minuspunkt stellt die relativ geringe Anzahl deutschsprachiger „Expeditions" dar.

3.3.3 Untersuchung der Eignung von Virtual Reality für den Geographieunterricht am Beispiel „Expeditions"

Schülerorientierung: „Expeditions" wurde für die Nutzung in der Schule entwickelt und unterstützt verschiedene Aspekte der Schülerorientierung. Beispielsweise verlangt die Erarbeitung geographische Themen Anschaulichkeit und ein Besuch raumzeitlich ferner geographischer Schauplätze mithilfe VR-Technologie entspricht neben der Realbegegnung dem vielleicht am ehesten. Eine Studie des Meinungsforschungsinstituts „YouGov" belegt zudem, dass sich 73 Prozent der befragten SuS den Einzug von VR in den Unterricht wünschen würden. 77 Prozent glauben an eine motivationssteigernde Wirkung von VR, 66 Prozent (Oberschule) bzw. 74 Prozent (Gymnasium) an eine Steigerung des Lernerfolgs durch den Einsatz von VR.[180]

Lebensweltbezug: Der Einsatz von „Expeditions" im Geographieunterricht ermöglicht trotz der realen Ferne oder Unzugänglichkeit der dargestellten VR-Umgebungen eine mittelbare direkte Begegnung mit dem Unterrichtsgegenstand,

---

[176] Online unter: https://plus.google.com/u/0/communities/106649979901042240651
[177] Online unter: https://edutrainingcenter.withgoogle.com/advanced_training/unit?unit=44&lesson=45
[178] Online unter: https://productforums.google.com/forum/#!topicsearchin/google-education/category$3Agoogle-expeditions|sort:relevance|spell:false
[179] Online unter: http://www.derlehrerclub.de/projekte/sekundarstufe/expeditions
[180] Studie einsehbar unter: http://campaign.yougov.com/DE_2017_08_virtual_reality.html?utm_source=press&utm_medium=media&utm_campaign=report_virtualreality2

welche aufgrund des Potentials der APP nahezu einem Einsatz originaler Gegenstände bzw. Unterricht an außerschulischen Lernorten entspricht und damit eine Konstruktion authentischer Lernsituationen ermöglicht. Somit punktet die App gerade im Sinne Kestlers „Alltagsorientierung" und „Aktualitätsprinzip".

Problemorientierung: Viele der „Expeditions"-Themen zeichnen sich durch eine hohe ökologische und / oder gesellschaftliche Relevanz aus. Daher eignet sich die App zur Konstruktion problemorientierter Lernsituationen.

Selbsttätigkeit: „Expeditions" ist als App für virtuelle Klassenfahren konzipiert. Dabei wird die Klasse vom Lehrenden durch die Szenen geführt. Somit bietet sich den SuS keine Möglichkeit der individuellen Steuerung der Exkursion. Dies gestatten reale Klassenfahrten allerdings auch nicht.

Handlungsorientierung: „Expedition" ermöglicht zwar kein ganzheitlich selbstbestimmtes und schüleraktives Lernen, jedoch durchaus Lernen mit Kopf und Herz.

Differenzierung und Individualisierung: „Expeditions" an sich bietet keine Möglichkeiten der Binnendifferenzierung von Lernangebot oder Lernumgebung an.

Vernetztes Denken und Multiperspektivität: Die Frage nach diesem Unterrichtsprinzip kann nicht pauschal beantwortet werden. Während manche Expeditionen ihr Thema relativ monoperspektivisch betrachten, beleuchten andere Expeditionen ihren Lerngegenstand aus verschiedenen Perspektiven. Beispielsweise dient „International Space Station" ausschließlich dem Kennenlernen der ISS, wohingegen die SuS in „Wie aus Wind Elektrizität entsteht" unter anderen lernen was ein Windpark ist, wie konventionelle Energiegewinnung funktioniert, warum wir saubere Energie brauchen, wie Windkraftanlagen aufgebaut sind und wie saubere Energie erzeugt wird. Dabei wird sich der Thematik aus ökologischer, ökonomischer und gesellschaftlicher Perspektive angenähert und vernetztes Denken gefördert.

Anschaulichkeit: Die Leistung von „Expeditions" liegt in der hohen Anschaulichkeit. Die wegweisende Technologie der App ermöglicht audiovisuelle Erlebnisse herausragender Wirklichkeitsnähe und Erlebnistiefe, die eine vollständige Realbegegnung imitieren wollen.

Realbegegnung: Sinn und Zweck von „Expeditions" stellt die Durchführung virtueller Klassenfahrten dar. Nach Sichtung der App kann konstatiert werden, dass viele der Exkursionsziele so fern sind, dass deren Besuch im Rahmen außerschulischen Lernens zu teuer oder gar unmöglich ist und / oder dass viele der besuchbaren Geschehnisse in der Vergangenheit liegen und heute Teil der Geschichte sind. Somit ermöglicht die Anwendung eine realitätsnahe Auseinandersetzung mit zeiträumlich fernen Themen und Lerninhalten, die sich schulischen Realbegegnungen vollkommen entziehen.

Nahraumbezug und Heimaterziehung: Je nach Thema der Exkursion ist es mehr oder minder möglich einen Nahraumbezug herzustellen. Das methodische Prinzip ist durch den Lehrenden zu realisieren, indem Erlebnisse der virtuellen Klassenfahrt auf den Nahraum übertragen werden.

Globales Lernen: Die Frage nach diesem Unterrichtsprinzip kann nicht pauschal beantwortet werden. Ein Großteil der momentan besuchbaren Orte oder Geschehnisse handeln ihre Thematik vornehmlich auf der isolierten Lokalebene ab, wohingegen nur wenige „Expeditions" globale Vernetzungen aufzeigen. Ein Beispiel ist „Environmental Change in Borneo", eine Exkursion welche die Abholzung des Regenwaldes zum Zweck der Palmölproduktion thematisiert und auf globale Triebkräfte infolge der massiven Verwendung von Palmöl in erste-Welt-Produkten und globale Folgen wie Klimaänderungen hinweist. Letztendlich ist es jedoch Aufgabe des Lehrenden, den SuS bei der Einnahme einer globalen Perspektive zu unterstützen, sowie ökonomische, politische, kulturelle und ökologische Vernetzungen herauszuarbeiten und diese im Unterricht weiterführend zu thematisieren.

Umwelterziehung: „Expeditions" als Medium vermittelt den SuS im „Entdecker-Modus" keine Informationen, sondern dient diesen ausschließlich der mittelbaren direkten Begegnung mit raumzeitlich fernen Orten bzw. Themen. Inhalte und abgeleitete Fragen werden ausschließlich dem „Guide" angezeigt, welcher diese entsprechend seiner Stundenkonzeption ansprechen kann oder eben nicht. Einige Exkursionen thematisieren dabei Inhalte über Natur, Ökologie und Umwelt sehr direkt, andere überhaupt nicht. Derartige Kenntnisse sind jedoch nur die Grundlage, auf welcher die Bereitschaft und Fähigkeit zu ökologisch verträglichen und umweltbewussten Handeln, sowie die Ausbildung von entsprechenden Werten und Einstellungen erwachsen muss. Im Sinne einer Umwelterziehung dient die App daher vornehmlich der Darstellung stellvertretender virtueller Realitäten, welche dank ihrer Realitätsnähe und Erlebnistiefe Schutzräume erschaffen, die ein tief emotionales Erleben der besprochenen Lerninhalte ermöglichen und als Grundlage weiterführender motivierter Lernhandlungen dienen können.

Bildung für nachhaltige Entwicklung (BNE)

Die Eignung von „Expeditions" hinsichtlich der BNE kann entsprechend der Eignung für die Umwelterziehung beantwortet werden. Auch hier dient die App vornehmlich als Arbeitsmittel zur BNE.

Interkulturelles Lernen und Friedenserziehung

Die Eignung von „Expeditions" hinsichtlich des interkulturellen Lernens und der Friedenserziehung kann entsprechend der Eignung für die Umwelterziehung beantwortet werden. Auch hier dient die App vornehmlich als Arbeitsmittel zum interkulturellen Lernen und zur Friedenserziehung.

3.3.4 Ableitung von Chancen und Risiken von Virtual Reality am Beispiel „Expeditions"

Chancen für die Arbeit im Geographieunterricht

Google „Expeditions" ist die erste für den Bildungsbereich konzipierte App ihrer Art. Während die Deloitte Studien (vgl. Kapitel 3.3.1) der VR-Technologie allgemein noch einen Mangel an offensichtlichen Mehrwert bescheinigen, bietet die Arbeit mit „Expeditions" dem Unterricht einen didaktischen Mehrwert, der bisher unvorstellbar war und nun seinesgleichen sucht. Durch die Möglichkeit der virtuellen Reisen zu Orten und Gegebenheiten, die sich bisher einer Realbegegnung entzogen haben, sowie einer Erlebnistiefe, die einer Immersion gleicht, öffnet „Expeditions" dem Lehrenden ganz neue Dimensionen hinsichtlich der Stundenkonzeption und Unterrichtsgestaltung. Mehrfach wurde auf die Bedeutung von Realbegegnung bzw. Anschaulichkeit hingewiesen. „Expeditions" verspricht eine bisher nicht gekannte Unmittelbarkeit und ermöglicht dem Geographielehrer sozusagen das Unterrichten am virtuellen Unterrichtsgegenstand. Die Studie "The Impact of VR on Academic Performance"[181] belegt, dass der schulische Einsatz von VR signifikante Vorteile gegenüber klassischen Medien bietet und den SuS deutlich bessere Lernergebnisse hinsichtlich Verständnis und Behalten ermöglicht, da die Präsenz am Geschehen die Lerninhalte besser veranschaulicht und

---

[181] Vgl.: Beijing Bluefocus E-Commerce Co., Ltd. & Beijing iBokan Wisdom Mobile Internet Technology Training Institutions (2006), https://cdn.uploadvr.com/wp-content/uploads/2016/11/A-Case-Study-The-Impact-of-VR-on-Academic-Performance_20161125.pdf [letzter Zugriff: 08.01.2018]

Emotionen stärker stimuliert.[182] „Exeditions" zeichnet sich durch Schülerorientierung aus und schafft einen hohen Lebensweltbezug. Verbunden mit ihrer immersen und emotionalen Wahrnehmung können die vielfältigen Reiseziele dem Lehrenden leicht der Konstruktion authentischer und problemorientierter Lernsituationen dienen. Diese sind eine wichtige Basis zum Anstoß intensiver kommunikativer Prozesse und notwendig zur Vermittlung der überfachlichen Bildungs- und Erziehungsziele Umwelterziehung, BNE, interkulturelles Lernen und globales Lernen. Somit bietet VR einen erheblichen Mehrwert für das schulische Lernen.

Risiken für die Arbeit im Geographieunterricht

Grundsätzlich fällt die Analyse über die schulische Eignung von „Expeditions" durchweg positiv aus. Hindernisse für die erfolgreiche Anwendung von VR liegen vielmehr auf der organisatorischen Ebene. Vor dem Hintergrund einer stets angespannten Finanzlage im Bildungssektor sind Fragen über die Anschaffung von Klassensätzen der VR-Hardware, sowie der Bereitstellung von Breitbandinternet und W-Lan zu beantworten. Immerhin kosten hochwertige VR-Brillen wie die Oculus Rift oder die HTC Vive immer noch rund 400 Euro bzw. 700 Euro.[183] Eine Lösung kann im BYOD-Prinzip liegen, welches vorsieht, dass SuS ihre eigene Hardware mit in die Schule bringen und im Unterricht für schulische Zwecke verwenden. Denn „Expeditions" kann grundsätzlich auch preisgünstig mithilfe von Smartphone und Cardboard[184] – einer Art Halterung für das Smartphone, welche wie eine Skibrille aufgesetzt wird – genossen werden, wodurch die Investition in teure VR-Hardware entfallen kann. Das BYOD-Prinzip ist allerdings nicht unumstritten. Während BYOD von der KMK im Strategiepapier „Bildung in einer digitalen Welt" als Ansatz für die flächendeckende Bereitstellung vernetzter multifunktionaler mobiler Endgerät genannt wird,[185] stößt sich die Landeselternvertretung der Gymnasien im Saarland daran und verweist auf datenschutzrechtliche Problematiken, sowie auf den Tatbestand des *„unzulässigen Eingriffs in den privaten Besitz der Schüler."*[186] Prinzipiell ist BYOD realisierbar und könnte eine kurz-

---

[182] Vgl.: Bastian, M. (2016), https://vrodo.de/virtual-reality-studie-hebt-vorteile-von-unterricht-mit-der-vr-brille-hervor/ [letzter Zugriff: 08.01.2018]

[183] Recherche auf www.google.de, Stand 08.01.2018.

[184] Der interessierte Leser findet Modelle unter: https://vr.google.com/cardboard/, welche der Internetkonzern ab 5EUR verkauft.

[185] Vgl.: KMK (2016), S. 37

[186] Vgl.: Landeselternvertretung der Gymnasien im Saarland (2017), S. 3f

fristige Lösung zur Bereitstellung der benötigten Hardware für „Expeditions" sein, wie Reschke in seinem Blog „Virtual Reality in der Schule" vorrechnet[187].

3.3.5 Unterrichtsvariante

Verortung und Ziele der Lerneinheit

Wahlpflichtbereich 3 der Klassenstufe 9 nennt als Thema „Gestalten eines Vortrages zur Besteigung des Mount Everest".[188] Im Vortrag zu berücksichtigen sind unter anderen „Vorbereitung, Ablauf, Gefahren, Tendenzen der Vermarktung"[189] der fiktiven Mount Everest-Tour, sowie Kenntnisse über Lage, äußeres Erscheinungsbild und Entstehung des Himalaya, welche die kognitiven Lernziele der Doppelstunde darstellen. Zudem sollen Kommunikationsfähigkeit als soziales Lernziel geübt und die Fähigkeit bzw. das Gefühl für ästhetisches Empfinden als affektives Lernziel gestärkt werden.[190] Während die kognitiven Lernziele und sozialen Lernziele leicht durch Ausarbeitung, Halten und Anhören des Vortrages erreicht werden können, sind affektive Lernziele schwieriger zu vermitteln. Hagen verweist in diesem Zusammenhang darauf, dass das Eintreten affektiver Lernziele nur erhofft, jedoch nicht erzwungen werden kann. Grundlage ist eine gewisse emotionale Verbundenheit mit dem Lerngegenstand, z.B. auf Basis von Erstaunen, Bewunderung, Ehrfurcht, usw. Derartige Gefühle können jedoch nicht durch die Vermittlung von Faktenwissen angesprochen werden, sondern benötigt eine emotionale Erweckung.[191]

Beschreibung der Lerneinheit

An diesem Punkt kommen die Chancen von „Expeditions" zum Tragen. Trotz des vorgegebenen Unterrichtsinhalts wäre es nicht sinnvoll, wenn die SuS in Gruppenarbeit sich wiederholende Vorträge ausarbeiten und vorstellen würden. Die stetige Wiederholung des Faktenwissens wäre bereits nach kurzer Zeit langweilig und würde zu Desinteresse am Lerninhalt und an den weiteren Vorträgen der Mitschüler, sowie in Folge dessen zu Unterrichtsstörungen führen. Zielführender

---

[187] Vgl.: Reschke, J. (o. J.), http://www.vrinderschule.de/vr-in-der-schule-geht-das-uberhaupt/ [letzter Zugriff: 08.01.2018]
[188] Sächsisches Staatsministerium für Kultus (2009), S. 23
[189] Ebd., S. 23
[190] Vgl.: ebd., S. 23
[191] Vgl.: Hagen, D. (1982), S. 244ff

wäre stattdessen die Erarbeitung des Faktenwissens über den Himalaya (Lage, Erscheinungsbild, Entstehung) im Unterrichtsgespräch. Auch das Gedankenspiel der Tourplanung zum Mount Everest kann gemeinsam im Plenum erfolgen, wodurch sich die SuS in ihrer Kommunikationsfähigkeit üben. Ein Vorteil einer interessant geleiteten Moderation durch den Lehrenden ist, dass Unterrichtsinhalte schnell und korrekt erarbeitet werden, wohingegen die Gefahr von sich im Gedankenspiel selbst überlassener SuS in Orientierungslosigkeit, Überforderung oder vielfältigen Ablenkungen besteht.[192] Durch die schnelle und korrekte Vermittlung des Überblickswissen gewinnt der Lehrende wertvolle Unterrichtszeit um die Klasse mit „Expeditions" auf eine VR-Exkursion zum Mount Everest zu führen. Die Exkursion erlaubt die virtuelle Besteigung des Bergmassivs vom Base Camp, über den gefährlichen Khumbu Gletscher, das Gokyo Tal mit seinen türkisblauen Eisseen bis fast hinauf zum Gipfel und zeigt dabei in eindrucksvollen Bildern die Schönheit der Bergregion. Doch mehr noch thematisieren die dem Lehrenden an den jeweiligen Stationen angezeigten Gesprächsvorschläge, wie etwa Gefahren für das Ökosystem der Bergwelt durch touristische Übernutzung oder die Klimaerwärmung, Lerninhalte der wichtigen Bildungs- und Erziehungsziele Umwelterziehung und BNE. Die virtuelle Lernsituation mit ihren ergreifenden Bildern dient somit der Anregung emotional unterlegter Gespräche über die Schönheit und Einzigartigkeit alpiner Bergwelten, sowie über die Notwendigkeit ihres Schutzes. Aber auch vielfältige Gefahren für die wagemutigen Bergsteiger, wie etwa verborgene Gletscherspalten, Unwetter oder Selbstüberschätzung, werden thematisiert und mit Erlebnissen von legendären Besteigungen oder tragischen Kletterunglücken illustriert, wodurch das Abenteuer zum Mount Everest für die SuS in den Rollen der Kletterer noch interessanter und greifbarer wird.

Analyse der Lerneinheit

Im beschriebenen Lernszenario bietet der Einsatz von „Expeditions" die großartige Chance, die SuS dank der außerordentlichen Erlebnistiefe des gemeinsamen Abenteuers für den Himalaya und mit dem Gebirge in Verbindung stehende Lerninhalte zu begeistern, den Unterricht in kommunikative Dimension zu öffnen und eine Basis für Werterziehung zu schaffen. Um die Synergien zwischen kognitiven,

---

[192] Vgl.: Meyer, H. (2002), S. 7ff

sozialen und affektiven Lernen effektiv zu nutzen[193] sollte die Lerneinheit in einer Doppelstunde liegen.

3.4 Augmented Reality am Beispiel der App „TamAR"

3.4.1 Begriffsbestimmung Augmented Reality

Während VR den Anwender in eine vollkommen digital erschaffene Welt eintauchen lässt, ermöglicht ihm Augmented Reality die Wahrnehmung der ihm umgebenden realen Umwelt ergänzt um digital projizierte Objekte. Die künstlichen Objekte können dabei reale Objekte überlagern oder eigenständig für sich existieren, sodass der Eindruck der Koexistenz von Realem und Virtuellem im selben Raum entsteht. Zudem kann der Anwender sowohl mit den realen, als auch mit den virtuellen Objekten in Echtzeit interagieren.[194] Anders als bei der VR wird zur Darstellung von AR keine spezielle Hardware benötigt, es genügt bereits ein Smartphone oder Tablet.[195] Heutige Smartphones verfügen über ausreichend Rechenkraft, gute Kameras und zahlreiche Sensoren, sodass diese genügen damit SuS AR per BYOD im Unterricht erleben können.

3.4.2 Vorstellung der App „TamAR"

Nachdem mit „geo:spektiv", „Dynamic Plates" und „Expeditions" drei didaktisch speziell auf die schulische Nutzung abgestimmte Lernangebote analysiert wurden, folgt mit „TamAR" eine AR-App, welche sich an unspezifischen Anwender richtet.

Noch mehr als VR stellt AR im Bildungswesen eine Neuheit dar, weshalb die geringe Anzahl verfügbarer AR-Apps in diesem Bereich nicht verwunderlich erscheint. „Anatomy 4D" stellt ein herausragendes Beispiel für einen didaktischen Mehrgewinn durch AR dar. Die App ermöglicht es den SuS Körper und Organe des Menschen in 3D kennenzulernen. Dabei können alle Objekte Schicht für Schicht geöffnet und die zum Teil in ihrer Funktion animierten Organe detailreich erforscht werden, sodass beispielsweise das blutige Sezieren von Herzen im Biolo-

---

[193] Vgl.: Rinschede, G. (2007), S. 153f
[194] Vgl.: Azuma, R. (1997), S. 355f
[195] Interessierte Leser können bei Dünser, A. (2005), S. 65ff die technischen Hintergründe von AR nachlesen.

gieunterricht der Geschichte angehören könnte.[196] Nach ausgiebigen Recherchen muss konstatiert werden, dass mit „TamAR" bisher nur eine einzige AR-App im Bereich Geographie existiert. Diese ist jedoch nur englischsprachig erhältlich und vergleichsweise textlastig, sodass sie aufgrund ihres hohen Sprachniveaus und Fachwortschatz für den Einsatz im Geographieunterricht ausscheidet. Die Verwendung von „TamAR" wäre daher im Rahmen eines fächerübergreifenden Unterrichts zwischen Geographie und Englisch eher denkbar. Aus diesem Grund wird die Anwendung hier vornehmlich stellvertretend für zukünftige, schulisch besser geeignete Apps hinsichtlich der grundsätzlichen Eignung von AR für die Arbeit im Geographieunterricht analysiert.

„TamAR" ist die AR-Umsetzung der „Tamar Estuary 2012 report card", einer Untersuchung des Zustands des Ökosystems des Mündungsgebietes des Tamar-Flusses in Tasmanien, Australien.[197] Die App vermittelt grundsätzlich die gleichen Informationen wie die „report card". Wie der Untersuchungsbericht stellt sie den Verschmutzungsgrad der fünf Zonen des Mündungsgebietes dar, welche auf Basis ihrer spezifischen Flora und Fauna, der menschlichen Einflüsse und deren Auswirkungen auf das Ökosystem definiert wurden. Des Weiteren enthält der Bericht für jede der Zonen ein Strukturmodell der Wirkzusammenhänge zwischen biotischen und abiotischen Faktoren, anhand welchen die Einwirkungen und Folgen menschlicher Aktivität im Ökosystem nachvollzogen werden können. Durch das Verständnis von Zustand und Wirkzusammenhängen im Ökosystems des Tamar-Flusses sollen Maßnahmen zum Schutz bedrohter Tier- und Pflanzenarten, sowie zur Verbesserung der Wasserqualität abgeleitet werden können. Die Leistung der App steckt in der dynamischen Darstellung des Berichts. Dazu kann die einzelnen Zonen eingetaucht werden und dabei zuvor genannte Aspekte entdeckt werden. Dabei gibt es viel zu erkunden: eindrucksvoll ziehen Adler ihre Runden am Himmel, Seepferdchen und Fischschwärme verstecken sich im dichten Seegras des Flusses und Wale springen im Mündungsgebiet. Wie im Bericht wird auch der Einfluss und Wirkung menschlicher Besiedlung und industriellen Tätigkeiten deutlich: eingeleitete Abwässer von Klärwerken, Industrieanlagen und Häfen trü-

---

[196] Der interessierte Leser kann einen ersten Eindruck der AR-App „Anatomy 4D" in folgenden YouTube-Video gewinnen: https://www.youtube.com/watch?v=sWxG7RTXSDk

[197] Der Bericht kann eingesehen werden unter: https://www.nrmnorth.org.au/client-as-sets/documents/reports/teer/10050%20TEER_EcoSystemHealthReportCard2012_WEB.pdf

ben den Fluss und reichern ihn mit Nitraten und Schwermetallen an, welche z.B. die Zuchtmuscheln im Flussgebiet ungenießbar machen. Der Mehrwert der App gegenüber dem Bericht liegt im höheren Informationsgehalt. Die Arbeit mit der App erfolgt technisch betrachtet auf drei Ebenen. Die Übersichtskarte des Ökosystems stellt die erste Ebene dar und zeigt die Verschmutzungsgrade der Zonen. Durch Auswahl einer der Zonen kann in diese eingetaucht werden. Bereits beim Eintauchen in die Zonen werden diese topographisch (Lage, Relief, Wassertiefen), ökologisch (Flora, Fauna) und hinsichtlich ihrer ökonomischen Nutzung (Siedlungen, Industrieanlagen, Verschmutzungseinflüsse) charakterisiert. In dieser zweiten Ebene können der Flusslauf mit seinen Landschaftsmerkmalen, menschliche Siedlungen und Industrieanlagen, Tiervertretern und das Wassereinzugsgebiet erkundet werden. Beide Ebenen wurden mit AR umgesetzt und benötigen die Tracking Map der App. An bestimmten Punkten kann das Ökosystem eingetaucht werden. Diese dritte Ebene wurde mit VR realisiert und ermöglicht einen – zugegeben graphisch recht bescheidenen – 360° Rundumblick an vordefinierten realen Punkten des Mündungsgebietes. Viele Objekte auf den Ebenen können angeklickt werden, wodurch zusätzliche Daten und Informationen zugänglich werden. Der Nutzer erfährt z.B. ein Überblickswissen über den Fischbestand des Flusses, über ausgewählte Biotope und seine schützenswerten Bewohner, über menschliche Nutzungsformen und seine Folgen (z.B. Kausalkette: Abwassereinleitung → Wasserverschmutzung und ansteigende Nitratbelastung → Algenbildung → Fischsterben und Verseuchung der Zuchtmuscheln).

Für die Benutzung der App wird lediglich ein Smartphone oder Tablet, sowie die „TamAR" Tracking Map benötigt. App und Tracking Map können kostenlos im Android Store bzw. auf der Seite des „National Ressource Management North" heruntergeladen werden.[198,199]

---

[198] Im „Android Play Store" downloadbar unter: „TamAR Augmented Reality"
[199] Auf der Website des „NRM North" zu finden unter: https://www.nrmnorth.org.au/client-assets/documents/maps/teer/TamAR_tracking_map%20PRINT.pdf

3.4.3 Untersuchung der Eignung von Augmented Reality für den Geographieunterricht am Beispiel der App „TamAR"

Schülerorientierung: „TamAR" stellt keine Lern-App dar, welche didaktisch an Wissen und Fähigkeiten der SuS einer bestimmten Altersstufe angepasst wurde. Somit muss sich „TamAR" dem Kritikpunkt Ringels und Ditters an neue Medien stellen, dass Inhalte nicht ziel- und adressatengerecht aufbereitet sind. Zudem stellt „TamAR" alle Informationen nur in englischer Sprache zur Verfügung. Eine Gefahr stellt somit dar, dass SuS nicht in der Lage sind aus den verfügbaren umfangreichen Informationen die Kerninhalte entsprechend der Lernziele zu extrahieren. Daher darf die Frage über den Einsatz der App nicht an ihrer Eignung zur Vermittlung der Lehrplaninhalte, sondern an den methodischen Fähigkeiten der SuS im Umgang mit Medien, an deren Fähigkeiten zur Informationsbeschaffung und deren fremdsprachlichen Kompetenzen entschieden werden.

Lebensweltbezug: Auch die Frage über einen direkten Bezug der Lerninhalte von „TamAR" zur Lebenswelt der SuS muss vornehmlich negativ beantwortet werden. Daher ist es wichtig, dass der Lehrende gegenüber den SuS herausstellt, dass wichtige Lerninhalte exemplarisch am Beispiel des Ökosystems des Tamar-Flusses herausgearbeitet werden können. Mithilfe des Transfers der Lerninhalte auf den Heimatraum, sowie Vergleichen mit dem Heimatraum kann darauf aufbauend durchaus ein Lebensweltbezug konstruiert werden.

Problemorientierung: „TamAR" zeigt verschiedene Einflüsse menschlichen raumwirksamen Handelns auf die Gesundheit des Ökosystem Tamar-Fluss. Die Eindämmung derartiger negativer Einflüsse ist von hoher ökologischer, ökonomischer und gesellschaftlicher Relevanz, sodass alltags- und problemorientierte Lernsituationen exemplarisch am Beispiel des Flusses konstruierte werden können.

Selbsttätigkeit: Aufgrund der ungenügenden didaktischen Ausrichtung der App, z.B. aufgrund der Fülle und Unstrukturiertheit der Informationen, des englischen Sprachniveaus, sowie des Fehlens einer Hilfefunktion, ist die App für eine selbsttätige und selbstorganisierte Erarbeitung der Lerninhalte durch die SuS ungeeignet, da Überforderung der SuS und Orientierungslosigkeit des Lernens zu befürchten sind.

Handlungsorientierung: „TamAR" ermöglicht zwar kein ganzheitlich selbstbestimmtes und schüleraktives Lernen, jedoch durchaus Lernen mit Kopf und Hand.

Differenzierung und Individualisierung: „TamAR" bietet keine Möglichkeiten zur Binnendifferenzierung von Lernangebot oder Lernumgebung. Durch die multicodale Aufbereitung der Lerninhalte in Form von Texten und animierten Bildobjekten in AR (Ebene 1 und 2) oder VR (Ebene 3) werden jedoch verschiedenen Sinne, Lerntypen und Lernvorlieben angesprochen.

Vernetztes Denken und Multiperspektivität: „TamAR" ist die AR-Umsetzung einer gleichnamigen Umweltstudie und dient der interaktiven Darstellung kausaler Strukturen und Prozesse, die das Ökosystem des Mündungsgebietes belasten. So folgt beispielsweise aus der Einleitung belasteter Abwässer die Ungenießbarkeit von Fisch und Muscheln. Aufgrund dieser Zielsetzung und der inhaltlichen Reduktion auf die wesentlichen Prozesse im Schnittpunkt zwischen menschlicher Besiedlung, ökonomischer Aktivität und Ökosystem wurde das Potential einer weitreichenderen komplexen vernetzten Betrachtungsweise auf ökologische Probleme verschenkt.

Anschaulichkeit: Zu erwarten wäre, dass aus der multimedialen Aufbereitung der Strukturmodelle des Untersuchungsberichts, sowie aus dem daraus resultierenden höheren Grad von Codalität und Modalität ein Mehrwert gegenüber dem Lernen mit den klassischen Modellen folgt. Leider muss konstatiert werden, dass sich die App aufgrund der relativen Unübersichtlichkeit der AR-Interpretation der Strukturmodelle vornehmlich zum erlebnisorientierten und entdeckenden Lernen eignet, welches wesentlich höhere Anforderungen an die SuS bezüglich der Extraktion von Lerninhalten und deren Neustrukturierung im Sinne konstruktivistischen Lernens stellt. Dies kann als Rückschritt hinsichtlich der Lerneffizient gewertet werden.

Realbegegnung: Wie im Punkt Lebensweltbezug herausgearbeitet wurde, dient der schulische Einsatz von „TamAR" vornehmlich der exemplarischen Begegnung mit ökologischen Sachverhalten am Beispiel des Tamar-Flusses. Daher kann die Realbegegnung mit jenen Phänomenen und Prozessen in Tasmanien als wenig sinnvoll und eine mediale Vermittlung als wesentlich zielführender erachtet werden. Allerdings bietet „TamAR", anders als „Expeditions", nicht das Potential, eine Realbegegnung zu ersetzen.

Nahraumbezug und Heimaterziehung: Ziel exemplarischen Lernens ist die Erarbeitung allgemeingültiger Kenntnisse, welche zur Steigerung der Lerneffizienz und zur Vermeidung des Entstehens trägen Wissens auf andere Beispiele übertragen werden sollten. Insbesondere eignet sich hierfür deren Transfer auf den

Heimatraum. Beispielsweise kann den SuS anhand verschmutzter heimischer Flüsse die Notwendigkeit ökologischen Wirtschaftens, sowie der hohe Wert einer ökologisch unbelasteten Heimat nähergebracht werden.

Globales Lernen: „TamAR" ist streng im Mündungsgebiet des Tamar-Flusses verortet und zeigt keine weltweiten und ganzheitlichen Zusammenhänge auf. Die Entwicklung einer globalen Perspektive auf Grundlage der vorliegenden isoliert kleinräumigen Betrachtungsweise, sowie aufgrund der im globalen Maßstab nichtigen Umweltprobleme im Ökosystem erscheint wenig sinnvoll und sollte vermieden werden.

Umwelterziehung: „TamAR" vermittelt nicht nur umwelterzieherische Lerninhalte, sondern zeigt dank der verwendeten AR- und VR-Technologien auf emotional ergreifende Art und Weise die negativen Auswirkungen menschlichen Siedelns und Wirtschaftens auf das Ökosystem, seine Bewohner und Bewirtschaftungsmöglichkeiten. Daher eignet sich die App hervorragend als Arbeitsgrundlage zur Umwelterziehung.

Bildung für nachhaltige Entwicklung (BNE): Natürlich können die guten Ansätze zur Umwelterziehung auch in Richtung BNE weitergeführt werden. Diese werden jedoch in der App nicht direkt offensichtlich und sind vom Lehrenden zu realisieren.

Interkulturelles Lernen und Friedenserziehung: Aufgrund der spezifischen Thematik ist „TamAR" nicht zum interkulturellen Lernen oder zur Friedenserziehung geeignet.

3.4.4 Ableitung von Chancen und Risiken von Augmented Reality am Beispiel „TamAR"

Chancen für die Arbeit im Geographieunterricht

Herzig sieht die große Chance von AR in der beispiellosen Aufbereitung von Informationen. Anders als in klassischen statischen Medien können durch AR statische physische Objekte um dynamische digitale Informationen erweitert werden (z.B. Geographie-Lehrbuch mit 3D-Animation des Sonnenstandes im Jahresverlauf). Durch das Ergänzen statischer Informationen um etwa Videos, Animationen, Hörbeispiele oder 3D-Elemente können komplexe abstrakte Strukturen, Prozesse und Modelle besser veranschaulicht und verständlich gemacht werden, als es beispielsweise nur ein Sachtext könnte. Dank dieser Multicodalität und Multimodalität werden durch AR mehr Lerntypen angesprochen und breitere Lernvorlieben bedient. Das leistet einen wertvollen Beitrag zur Differenzierung und Individualisierung des Lernens. Die Überraschungsmomente beim explorativen Lernen in der AR-Lernumgebung sichert die Neugier der SuS auf den Unterrichtsgegenstand, sowie Motivation und Aufmerksamkeit für den weiteren Lernprozess. Zudem bleiben Lerninhalte, die von den SuS selbst entdeckt, erlebt und erarbeitet wurden besser hängen.[200] Die Beiträge von AR zur Steigerung von Lernmotivation und Lerneffizienz wurden durch Studien von Chiang et al.[201], sowie von Heejeon[202] belegt. Des Weiteren trifft auf AR ein maßgebliches Defizit computerbasierten Unterrichts nicht zu: obwohl dank der Vernetzung raumzeitliche Distanzen zwischen lernendem Subjekt und Lernobjekt überwunden werden, schafft diese Form der Unterrichtsgestaltung eine scheinbare Distanz zwischen den Lernern in der Klasse, welche vornehmlich für sich isoliert auf die Bildschirme starren. Bei der Arbeit mit AR-Anwendungen verlassen die Lernenden jedoch nie den physischen Arbeits- und Kommunikationsraum, woraus für die Lernergruppe intensivere Austauschprozesse über die gemeinsamen Erlebnisse und eine effektive Zusammenarbeit resultieren.[203]

Risiken für die Arbeit im Geographieunterricht

Leider kann dieses in der Theorie grundsätzlich positive Resümee über AR so nicht auf „TamAR" übertragen werden. Da „TamAR" weder schülerorientiert, noch auf schulischen Bildungs- und Erziehungszielen ausgerichtet gestaltet wurde verschenkt die App das große Potential von AR. Hinderlich sind insbesondere die Englischsprachigkeit der App in Verbindung mit ihrem hohen Sprachniveau, dies für fast zwangsläufig zu Überforderung und Ineffizienz des Lernens, sowie die teils schlechte Grafik und eine gewisse Unübersichtlichkeit, sodass Lerninhalte schwierig zu finden und Strukturmodelle im Zusammenhang schlecht zu erfassen sind. Vielmehr wirkt das zonale Strukturmodell in der interaktiven virtuellen Darstellung im Vergleich zur klassischen Druckform überladen, unübersichtlich und unstrukturiert. Inhalte scheinen schlechter greifbar, wodurch der Lernprozess behindert wird. Weiter ist zu befürchten, dass dadurch schnell die anfängliche Begeisterung und Motivation in Überforderung, Frustration und folglich Dis-

---

[200] Vgl.: Herzig, B. (2017), S. 35ff
[201] Vgl.: Chiang, T. H. C. et al. (2014)
[202] Vgl.: Heejeon, S. (2008)
[203] Vgl.: Billinghurst, M. (2002), S. 2f

tanz zu Lernhandlung und Lerninhalt umschlägt. Zudem erschwert der Mangel an Problemorientierung und Lebensweltbezug, sowie die Untauglichkeit zum selbstorganisierten und selbsttätigen Lernen den inhaltlich bzw. methodisch begründeten Einsatz von „TamAR". Das Wichtigste ist also nicht ein moderner und vielfältiger Medieneinsatz an sich, sondern eine didaktisch an Stoff und den Lernzielen, sowie eine lernpsychologisch an den Bedürfnissen der SuS ausgerichtete Auswahl. Der Einsatz von AR darf nicht nur des Selbstzweckes erfolgen oder zur bloßen technischen Spielerei verkommen.[204]

3.4.5 Unterrichtsvariante

Entsprechend der thematisch-inhaltlichen Konzeption ist „TamAR" grundsätzlich für den Einsatz in den Themenbereichen Umwelterziehung und Nachhaltigkeit geeignet (vgl. Kapitel 3.4.2). Dort könnte die App zum exemplarischen Aufzeigen von ökologisch-wirtschaftlichen Verflechtungen und ihren Folgen für ein Ökosystem dienen (z.B. in Klasse 8, LB 3: Beurteilen von Raumentwicklungsprozessen am Beispiel Amazoniens: Besiedlung, Rohstoffgewinnung, Folgen).[205] Allerdings zeigt das kritische Resümee auffällige Mängel hinsichtlich der schulischen Eignung von „TamAR". Middendorf betont diesbezüglich, dass die tatsächliche Lernwirksamkeit von Medien – egal ob klassisch analog oder digital – von der Passung zwischen Lernenden, Lerninhalt, den spezifischen Merkmalen eines Mediums und den didaktischen Funktionen des Mediums abhängt.[206] Insbesondere die mangelhafte Ziel- und Adressatenorientierung, sowie Unübersichtlichkeit von „TamAR" kann individuelle Lernprozesse hemmen oder verhindern, sowie zu Lernfrust und Unterrichtsstörungen führen. Daher ist „TamAR" für den schulischen Einsatz nahezu ungeeignet und sollte als konkretes Medium gemieden werden.

---

[204] Vgl.: Kaufmann, H. (2003), S. 3
[205] Vgl.: Sächsisches Staatsministerium für Kultus (2009), S. 19
[206] Vgl.: Middendorf, W. (2017), S. 14

4 Fazit und Ausblick

Ziel dieser Arbeit war unter anderen das Aufzeigen und Erläutern der Unterrichtsprinzipien des Faches Geographie. Zum einen werden diese in die didaktischen Prinzipien Schülerorientierung, Lebensweltbezug und Problemorientierung unterschieden, die sich mit der Auswahl geeigneter Unterrichtsinhalte zum Erreichen der Unterrichtsziele beschäftigen. Da prinzipiell sowohl klassische, als auch digitale Unterrichtsmedien geeignete Inhalte publizieren, tangieren didaktische Prinzipien kaum Auswahlentscheidungen zwischen beiden Medienkategorien. Als Vorteile digitaler Medien kann hier lediglich deren höhere Aktualität genannt werden. Methodische Entscheidungen sind hingegen immer in Bezug zum Medium zu treffen. Sowohl die allgemeindidaktischen methodischen Prinzipien Selbsttätigkeit, Handlungsorientierung, Differenzierung und Individualisierung, als auch die aus Sicht der Geographiedidaktik bedeutenden methodischen Prinzipien Anschaulichkeit und Realbegegnung bedürfen Medien, welche diese Prinzipien bestmöglich unterstützen. Studien zeigen einen Vorteil von Verbundmedien (egal ob klassisch oder digital) gegenüber Einzelmedien. Aufgrund der multimodalen, multicodalen und multilinearen Darstellungsweise der Lerninhalte berücksichtigen Verbundmedien stärker die unterschiedlichen Lernvoraussetzungen, Lernfähigkeiten und Lernbedürfnissen der einzelnen SuS. Dadurch fördern sie die Differenzierung der Lernumgebung, sowie die Individualisierung und Intensivierung des Lernens. Besonderes Potential zeigt diesbezüglich AR-Software, welche statische Inhalte klassischer Medien um zusätzliche Informationen, Darstellungsformen und Wahrnehmungsarten anreichert. Obwohl die Analyse von „TamAR" deutliche Defizite hinsichtlich der schulischen Eignung der App gezeigt hat, sollten bestehende Kinderkrankheiten der AR-Technologie nicht überbewertet werden. Technische weiterentwickelte unterrichtsspezifische AR-Software vermag Lernerlebnis und Lernerfolg zukünftig durchaus zu steigern. Digitalen Animationen und Simulationen, wie z.B. „Dynamic Plates", weisen aufgrund ihrer Interaktivität Vorteile gegenüber klassischen Medien hinsichtlich der Veranschaulichung von z.B. komplexen Prozessen auf. Digitale Medien ermöglichen Lernenden jederzeit Zugang zu nahezu unbegrenzten Daten, wodurch deren Lernen zeit- und ortsunabhängig wird. Während Lerninhalte zwar auch selbstständig in Heimarbeit anhand z.B. eines Lehrbuches erarbeitet werden können, ermöglichen z.B. onlinebasierte Lernplattformen wie „geo:spektiv" oder Lern-Apps wie „Dynamic Plates" vergleichsweise komplexere Lernprozessen. Die Anwendungen dienen dem Lehrenden zur Konstruktion problem- und handlungsorientierter Lernsituationen und ermöglichen mit Flipped-Classroom oder Blended-Learning neue Formen des Lehrens und Lernens. Der Rollentausch zwischen Lehrer und Lernenden zielt auf den Aufbau methodischer, medialer, sowie personeller Kompetenzen und schafft im Unterricht wertvolle Lernzeit für Vertiefung, Anwendung und Diskussion der Lerninhalte. VR-Software wie „Expeditions" ermöglicht im Geographieunterricht durch die Simulation der Realbegegnung mit raumzeitlich fernen Unterrichtsgegenständen ganz neue Formen der Anschaulichkeit und Unterrichtsgestaltung. Studien belegen eine Steigerung von Motivation und Lernerfolg. Insgesamt fördern digitale Medien die von der KMK angestrebten Veränderungen der Unterrichtskultur, insbesondere hinsichtlich der Möglichkeiten zur Binnendifferenzierung des Unterrichtsangebotes, der Realisierung kooperativer Lernformen und dem Aufbau methodischer und medialer Kompetenzen zum lebenslangen selbstständigen Lernen. Die schulische Auseinandersetzung mit digitalen Medien dient als Grundstein zum Erwerb der Schlüsselqualifikation Medienkompetenz, welche für das Bestehen der Herausforderungen einer digitalen Lebens- und Arbeitswelt unentbehrlich ist. Außerdem kann der Einsatz digitaler Medien dazu beitragen, die wachsende Kluft zwischen der technisch überalternden Schule und der modernen digitalen Lebenswelt der SuS zu überwinden.

Auf der anderen Seite dürfen neue Medien nicht einfach des Selbstzweckes eingesetzt und didaktische Überlegungen bei der Medienauswahl außer Betracht gelassen werden. Wohlüberlegt eingesetzt zeigen klassische Medien keine Defizite gegenüber digitalen Medien, wohingegen nicht ziel- oder adressatengerecht eingesetzte digitale Medien erhebliche Störpotentiale für das Lernen bergen. Medien, welche nicht für schulische Zwecke bzw. nach didaktischen Kriterien aufbereitet wurden, beinhalten oft ein Übermaß unstrukturierter Informationen und hemmen dadurch konstruktivistische Lernprozesse. Das Erkennen manipulierter oder gefälschter Informationen stellt hohe Anforderungen an einen bewusst kritischen Medienkonsum, wozu die SuS möglicherweise noch nicht im Stande sind. Folglich muss die Medienauswahl an den Medienkompetenzen der SuS angepasst sein. Zudem müssen die SuS zum kompetenten Umgang mit der Hard- und Software befähigt werden.

Des Weiteren stellt selbstreguliertes Lernen (mit digitalen Medien) hohe Voraussetzungen an die Selbstlernkompetenzen, sodass der permanente Einsatz dieser Unterrichtsform das Anspruchsniveau des Unterrichts steigern würde. Das bürgt die Gefahr, dass lernschwache SuS den gestiegenen Anforderungen nicht mehr gewachsen sind und gegenüber stärkeren Mitschüler zurückfallen würden. In diesen Fall würde der übermäßige Einsatz digitaler Medien zu einer digitalen Spaltung führen und die Bildungschancen von SuS aus bildungsfernen Schichten sogar noch verschlechtern. Dennoch sind mangelhafte Selbstlernkompetenzen nicht per se ein Ausschlusskriterium für selbstregulierte Unterrichtsmethoden, sondern können ebenso als wesentlicher Beitrag für die Entwicklung von Eigenständigkeit, Disziplin und Verantwortungsbewusstsein betrachtet werden. Insgesamt konstatieren Bildungswissenschaftler wie Kerres, Dörr oder Strittmatter, dass digitale Lernangebote die hohen Erwartungen an ihrer lerneffizienz- und lernerfolgssteigernden Wirkung bisher kaum erfüllen konnten. Einerseits müssten diese stärker den inhaltlich-didaktischen Anforderungen der Schule gerecht werden. Anderseits müssten Anwendungen entwickelt werden, welche einen potentiellen didaktischen Mehrwert digitaler Medien aufzeigen. Nicht durch den bloßen Einsatz digitaler Medien wird Unterricht qualitativ besser und effizienter, sondern durch ein wohlüberlegtes didaktisches Design, welches sowohl der Heterogenität der Lernenden, als auch den Lernzielen der Stunde gerecht wird. Unter solchen Voraussetzungen können digitale Medien jedoch Lehren und Lernen erheblich optimieren.

Aus der Analyse der Chancen und Risiken digitaler Medien für die Arbeit im Geographieunterricht ergeben sich folgende Empfehlungen für die Gestaltung digitaler Lernszenarien, sowie zur Erhöhung derer Qualität und Effizienz:

Empfehlung 1: Digitales Lehren und Lernen in Geographie erst ab Klassenstufe 7

Die Analyse der Risiken in Kapitel 2.3.4 zeigt die hohen Vorraussetzungen, welche moderne Hard- und Software, sowie digitale Medien an die Kompetenzen der SuS stellen. Für Lehrende des zwei-Stunden-Faches Geographie wäre es wünschenswert, wenn die SuS diese Qualifikationen bereits aufweisen könnten und nicht erst im eigenen Unterricht mühsam erlernen müssten. Ziel bis zur Klassenstufe 7 sollte es daher sein, dass die SuS bereits die wichtigsten methodisch-medialen Kompetenzen im Umgang mit digitaler Technik und digitalen Medien erlernen hätten. Das könnte z.B. im Rahmen des Unterrichts im Faches TC geschehen, insbesondere wenn der Lehrplan des Faches entsprechend der Forderungen der KMK angepasst würde und durch eine zusätzliche Wochenstunde einen noch stärkeren Fokus aus digitale Bildung legen könnte.

Empfehlung 2: Befähigung der SuS zum selbstregulierten Lernen

Des Weiteren weisen die vorangegangenen Analyse auf die hohen kognitiv-strukturellen und kognitiv-prozessualen Voraussetzungen hin, welche selbstreguliertes Lernen an die SuS stellt. Daher sollten die SuS bereits ab Klassenstufe 5 die benötigten Qualifikationen im Rahmen obligatorischen Kompetenztrainings vermittelt bekommen, z.B. durch Lerntypbestimmungen, Lernstrategie- oder Motivationstrainings.

Empfehlung 3: Fortbildungsmaßnahmen für Lehrkräfte

Die Verwendung digitaler Medien ist kein Selbstläufer. Entscheidend für den Erfolg digitaler Lernumgebungen sind didaktische Konzepte, welche aus Sicht der Lehrenden und Lernenden einen wirklichen Mehrwert versprechen. Außerdem müssen Lehrende selbst über hohe methodische und mediale Qualifikationen im Umgang mit der Hard- und Software, sowie mit neuen Medien verfügen. Regelmäßige Fortbildungsmaßnahmen können die dazu notwendigen Kompetenzen der Lehrenden sichern und die Qualität der Lehre erhöhen.

Empfehlung 4: Vernetzte Plattformen für Lehrende

Neben Fortbildungsmaßnahmen kommt der Vernetzung der Lehrkräfte untereinander eine wichtige Rolle zur Steigerung derer digitalen Profession zu. Staatlich betriebene Kommunikationsplattformen und Content Management Systemen können den Lehrende zum Austausch von Erfahrungen, Unterrichtsentwürfen, (urheberrechtsfreier) Materialien, sowie Medien- und Softwareempfehlungen dienen und ihnen helfen, sich nicht in der unüberschaubare Anzahl im Netz verfügbarer digitaler Lehr- und Lernmedien zu verlieren.

Empfehlung 5: Bereitstellung der notwendigen Infrastruktur

Eine Lernumgebung kann nur so gut sein, wie es die zur Verfügung stehende Technik zulässt. Geringe Stückzahlen an Computerarbeitsplätzen oder Laptops, fehlende Lehrer-PCs und Beamer bzw. Whiteboards in den Klassenzimmern, ein langsames Schulnetz oder kein W-Lan in den Klassenzimmern hemmen Lehrende in ihren Möglichkeiten der Inszenierung hochwertiger digitaler Lernumgebungen. Damit die eingangs zitierten Forderungen der KMK erfüllt werden können, bedarf es in jeder Schule ausreichend guter Hard- und Software in ausreichender Stückzahl, sowie in jedem Klassenzimmer einen W-Lan-Zugang zum Breitbandinternet.

Empfehlung 6: Klare transparente Regeln für Datenschutz und Datensicherheit

Digitales Lernen geht auch immer mit Problemen des Datenschutzes und der Datensicherheit einher, z.B. bei der Speicherung persönlicher Daten im Schulnetz oder auf Cloudspeichern, bei der Dokumentierung von Verbindungsdaten oder durch Gefahren durch Viren oder Schadsoftware. Dies betrifft gleichermaßen Lernende, Lehrende und das Schulnetz als solches. Mit der Digitalisierung von Schule und Lernen kommt die Notwendigkeit von klaren transparenten Regeln für den Datenschutz, von Verhaltensregeln im Internet für Lehrende und SuS, sowie für Richtlinien für digitales Unterrichten für Lehrende einher. Denkbare wäre dazu die Schaffung der Stelle des Datenschutzauftragten in jeder Schule, welcher Schulleitung, Lehrenden und Lernenden gleichermaßen zur Verfügung steht. Alle Regeln, welche sich auf den BYOD-Unterricht beziehen, müssen gemeinsam mit dem Elternrat der Schule ausgehandelt werden.

Empfehlung 7: Schulkooperationen aufbauen bzw. intensivieren

Eine große Bereicherung für das Lernen in Geographie stellen Lernfreundschaften zu SuS in fremden Ländern dar, welche unkompliziert mithilfe vernetzter Plattformen geführt werden können. Dabei gewinnen die SuS anhand der persönlichen Erzählungen, Bild- und Videobotschaften ihrer Freunden ein authentisches Bild vom Leben in deren Land und andersherum. Dieses Konzept fördert soziale und sprachliche Kompetenzen und ermöglicht interkulturelles Lernen.

Aufgrund des begrenzten Umfangs dieser Arbeit lag der Fokus der Analyse auf dem Wirkungsgefüge aus Lernzielen und Unterrichtsprinzipien der Geographie, sowie lerntheoretischen Aspekten von Medien und Mediennutzung, welche die didaktisch-methodischen Entscheidungen der Unterrichtsplanung bestimmen. Daher wurden organisatorische Aspekte, wie z.B. die notwendige technische Infrastruktur oder mediale Qualifikationen und Kompetenzen der Lehrenden, welche ebenso einen Einfluss auf Entscheidungen auf die Qualität und Effizient des Einsatz von digitalen Medien haben, außen vorgelassen und als optimal gegeben betrachtet. Des Weiteren konnten Zusammenhänge zwischen der Verwendung digitalen Medien und der Methodik nur unzureichend betrachtet werden. Die Arbeit beruft sich diesbezüglich auf die Forderungen von KMK und Lehrplan nach einer problem- und handlungsorientierten Methodik. Interessant wäre auch die Erforschung weiter pädagogischer und methodischen Konzepte auf Grundlage der Charakteristika der jeweiligen betrachteten digitalen Medien. Außerdem stellen sich weiterführende Fragen nach möglichen gesundheitlichen Gefahren durch die Ausdehnung der ohnehin bereits extensiven Mediennutzung in der Freizeit auf die Schulzeit, z.B. hinsichtlich Suchtgefahr, Seh- oder Schlafbeeinträchtigungen.

5 Quellenangaben

App Entwickler Verzeichnis (o. J.): Apps und WebApps – Definition; Online unter: http://www.app-entwickler-verzeichnis.de/faq-app-entwicklung/11-definitionen/31-apps-und-webapps-definition [letzter Zugriff: 08.01.2018]

Arnold, W., Eysenck, J. & Meili, R. (1971): Lexikon der Psychologie; Freiburg: Herder

Azuma, R. (1997): A Survey of Augmented Reality. In: Presence, Vol. 6, No. 4, S. 355 - 385; Online unter: http://www.dca.fee.unicamp.br/~leopini/DISCIPLINAS/IA369T-22014/Seminarios-entregues/Grupos-Visualiza%C3%A7%C3%A3o/Visualizacao-Gr-LuisPattam-paperdeapoio-1.pdf [letzter Zugriff: 08.01.2018]

Baacke, D. (1997): Medienpädagogik – Grundlagen der Medienkommunikation; Tübingen: De Gruyter

Baacke, D. (1999): Medienkompetenz als zentrales Operationsfeld von Projekten. In: Baacke, D. (Hrsg.): Handbuch Medien: Medienkompetenz. Modelle und Projekte, S. 31-35; Bonn

Bastian, M. (2016): Virtual Reality: Studie hebt Vorteile von Unterricht mit der VR-Brille hervor; Online unter: https://vrodo.de/virtual-reality-studie-hebt-vorteile-von-unterricht-mit-der-vr-brille-hervor/ [letzter Zugriff: 08.01.2018]

Becker, G. E. (2004): Unterricht planen – handlungsorientierte Didaktik; Weinheim: Beltz

Beijing Bluefocus E-Commerce Co., Ltd. & Beijing iBokan Wisdom Mobile Internet Technology Training Institutions (2006): A Case Study - The Impact of VR on Academic Performance; Online unter: https://cdn.uploadvr.com/wp-content/uploads/2016/11/A-Case-Study-The-Impact-of-VR-on-Academic-Performance_20161125.pdf [letzter Zugriff: 08.01.2018]

Billinghurst, M. (2002): Augmented Reality in Education; Onlinepublikation: http://www.solomonalexis.com/downloads/ar_edu.pdf [letzter Zugriff: 08.01.2018]

Bitkom Bundesverband Informationswirtschaft, Telekommunikation und Neue Medien e.V. (2011): Schule 2.0 – Eine repräsentative Untersuchung zum Einsatz elektronischer Medien an Schulen aus Lehrersicht; Berlin; Online unter: http://www.bitkom.org/files/documents/BITKOM_Publikation_Schule_2.0.pdf

Blömeke, S. (2000): Medienpädagogische Kompetenz. Theoretische und empirische Fundierung eines zentralen Elements der Lehrerausbildung; München: KoPaed

Blömeke, S. & Buchholtz, C. (2005): Veränderung von Lehrerhandeln beim Einsatz neuer Medien. Design für die theoriegeleitete Entwicklung, Durchführung und Evaluation einer Intervention. In: Jahrbuch Medienpädagogik 5, S. 91 – 106

Böhn, A., Seidler, A. (2008): Mediengeschichte. Eine Einführung; Tübingen: Narr

Bonin, Gregory & Zierahn (2015): Übertragung der Studio von Frey/Osborne (2013) auf Deutschland; Mannheim: Zentrum für Europäische Wirtschaftsforschung GmbH

Borsdorf, A. (1999): Geographisch denken und wissenschaftlich arbeiten. Eine Einführung in die Geographie und in Studientechniken; Gotha, Stuttgart: Perth

Brucker, A. (2006): Der funktionsgerechte Einsatz von Medien im Geographieunterricht. In: Haubrich, H. (Hrsg.): Geographie unterrichten lernen – Die neue Didaktik der Geographie konkret; München, Düsseldorf, Stuttgart: Oldenbourg

Bundesministerium für Bildung und Forschung (2016): Bildungsoffensive für die digitale Wissensgesellschaft; Berlin: Bundesministerium für Bildung und Forschung

Bundesministerium für Wirtschaft und Energie (2016): Digitale Bildung – Der Schlüssel zu einer Welt im Wandel; Berlin: Bundesministerium für Wirtschaft und Energie

Chiang, T. H. C., Yang, S. J. H. & Hwang, G. J. (2014): An Augmented Reality-based Mobile Learning System to Improve Students Learning Achievements and Motivations in Natural Science Inquiry Activities. In: Educational Technology & Society, 17. Jg., H. 4, S. 352 – 365

Claassen, K. (1997): Gruppen von Modellen. In: Praxis Geographie, 37. Jg., H. 1, S. 9–11

Commission on Environment and Development (1987): Unsere gemeinsame Zukunft. In: Hauff, V. (Hrsg.): Unsere gemeinsame Zukunft. Der Brundtland-Bericht der Weltkommission für Umwelt und Entwicklung; Greven: Eggenkamp

Deloitte (2017): Global Mobile Consumer Survey 2017 - Mobile Evolution; Online unter: https://www2.deloitte.com/content/dam/Deloitte/de/Documents/technology-media-telecommunications/Global%20Mobile%20Consumer%20Survey%202017%20Study%20Deloitte1.pdf [letzter Zugriff: 08.01.2018]

Deloitte (2016): Head Mounted Displays in deutschen Unternehmen - Ein Virtual, Augmented und Mixed Reality Check; Online unter: https://www2.deloitte.com/content/dam/Deloitte/de/Documents/technology-media-telecommunications/Deloitte-Studie-Head-Mounted-Displays-in-deutschen-Unternehmen.pdf [letzter Zugriff: 08.01.2018]

DGfG (o. J.): Geographie – Eine Disziplin stellt sich vor; Online unter: http://geographie.de/studium-fortbildung/geographie-eine-disziplin-stellt-sich-vor/ [letzter Zugriff: 08.01.2018]

Dieterich, R. & Rietz, J. (1996): Psychologisches Grundwissen für Schule und Beruf; Donauwörth: Auer

Ditter, R. et al. (2012): Neue Medien – Möglichkeiten und Grenzen. In: Haversath, J.-B. (Moderator): Geographiedidaktik. Theorie – Themen – Forschung; Braunschweig: Westermann

Dolch, J. (1965): Grundbegriffe der pädagogischen Fachsprache; Ehrenwirth

Dörr, G. & Strittmatter, P. (2002): Multimedia aus pädagogischer Sicht. In: Issing, L. J. & Klimsa, P. (Hrsg.): Information und Lernen mit Multimedia und Internet; Weinheim: Beltz

Dünser, A. (2005): Trainierbarkeit der Raumvorstellung mit Augmented Reality; Wien: Dissertation an der Fakultät für Psychologie der Universität Wien

Edelmann, W. & Wittmann, S. (2012): Lernpsychologie; Weinheim: Beltz

Elbing, E. (2001): Psychologie in der Schule. In: Roth, L. (Hrsg.): Handbuch der Pädagogik; München: Oldenbourg

Faßler, M. (1997): Was ist Kommunikation?; Paderborn: Fink

Flitner, A. (1954): Johann Amos Comenius – Große Didaktik; Stuttgart: Klett-Cotta

Forum „Schule für eine Welt" (1996): Globales Lernen. Anstöße für die Bildung in einer vernetzten Welt; Jena

Frey & Osborne (2013): The future of employment: How susceptible are jobs to computerisation?; Oxford: Onlinepublikation: https://www.oxfordmartin.ox.ac.uk/downloads/academic/The_Future_of_Employment.pdf

Friedrich, H. & Mandl, H. (1997): Analyse und Förderung selbstgesteuerten Lernens. In: Weinert, F. E. & Mandl, H. (Hrsg.): Psychologie der Erwachsenenbildung; Göttingen: Hogrefe

geo:spektiv (o. J.): Was ist geo:spektiv?; Online unter: http://www.geospektiv.de/was-ist-geospektiv [letzter Zugriff: 08.01.2018]

Glöckel, H. (1996): Vom Unterricht; Bad Heilbrunn: Klinkhardt

Groeben, N. (2004): Dimensionen der Medienkompetenz: Deskriptive und normative Aspekte. In: Groeben, N. & Hurrelmann, B. (Hrsg.): Medienkompetenz. Voraussetzungen, Dimensionen, Funktionen; Weinheim, München: Juventa

Hagen, D. (1982): Affektive Lernziele und Geographieunterricht. In: GR, 34. Jg., H. 5, S. 244 - 248

Hänze, M. (2008): Was bringen kooperative Lernformen? Ergebnisse aus der empirischen Lehr-Lern-Forschung. In: Individuell lernen – kooperativ arbeiten. Friedrich Jahresheft XXVI 2008; Seelze: Friedrich Verlag

Heejeon, S. (2008): Relationships among Presence, Learning Flow, Attitude toward Usability and Learning Achievement in an Augmented Reality Interactive Learning Environment. In: The Journal of Educational Information and Media, 14. Jg., H. 3, S. 137 – 165

Herzig, B. (2017): Digitalisierung und Mediatisierung – didaktischer und pädagogische Herausforderungen; In: Fischer, C. (Hrsg.): Pädagogischer Mehrwert? Digitale Medien in Schule und Unterricht; Münster, New York: Waxmann

Herzig, B. & Grafe, S. (2006): Digitale Medien in der Schule – Standortbestimmung und Handlungsempfehlungen für die Zukunft – Studie zur Nutzung digitaler Medien in allgemeinbildenden Schulen in Deutschland; Bonn

Hickethier, K. (2001): Medienforschung und Medienkulturwissenschaft. In: Biltereyst, D., Hasebrink, U. und Matzen, C.: Forschungsgegenstand Öffentliche Kommunikation. Funktionen, Aufgaben und Strukturen der Medienforschung; Baden-Baden: Nomos

Hilbert, M. & Lopez, P. (2011): The World's Technological Capacity to Store, Communicate and Compute Information. In: Sciencemag, Vol. 332, Issue 6025

Kaufmann, H. (2003): Collaborative Augmented Reality in Education; Wien: Vienna University of Technology; Onlinepublikation: https://www.ims.tuwien.ac.at/publications/tuw-137414.pdf [letzter Zugriff: 08.01.2018]

Kerres, M. (2003): Wirkungen und Wirksamkeit neuer Medien in der Bildung. In: Keill-Slawik, R. K. (Hrsg.): Education Quality Forum. Wirkungen und Wirksamkeit neuer Medien; Münster: Waxmann.

Kestler, F. (2015): Einführung in die Didaktik des Geographieunterrichts – Grundlagen der Geographiedidaktik einschließlich ihrer Bezugswissenschaften; Bad Heilbrunn: Klinkhardt

Klafki (1991): Neue Studien zur Bildungstheorie und Didaktik. Zeitgemäße Allgemeinbildung und kritisch-konstruktive Didaktik; Weinheim, Basel: Beltz

KMK (2016): Bildung in einer digitalen Welt (Beschluss der Kultusministerkonferenz vom 08.12.2016); Berlin: Online unter: https://www.kmk.org/fileadmin/Dateien/pdf/PresseUndAktuelles/2016/Bildung_digitale_Welt_Webversion.pdf [letzter Zugriff: 08.01.2018]

KMK (2012): Medienbildung in der Schule (Beschluss der Kultusministerkonferenz vom 08.03.2012); Berlin: Onlinepublikation: http://www.kmk.org/fileadmin/Dateien/veroeffentlichungen_beschluesse/2012/2012_03_08_Medienbildung.pdf

Köck, H. (2005): „Lernziel", „Lernzielhierarchie" und „Raumverhaltenskompetenz". In: Köck, H. & Stonjek, D.

Köck, H. & Schwan, T. (2000): Prinzipien des Geographieunterrichts. Einführung und Überblick. In: GS., 22. Jg., H. 124, S. 2 – 9

Köck, P. (2000): Handbuch der Schulpädagogik für Studium – Praxis – Prüfung; Donauwörth: Auer

Koile, K. & Singer, D. (2008): Assessing the impact of a Tablet-PC-based Classroom Interaction System; Online unter: http://projects.csail.mit.edu/clp/publications/documents/KoileSingerWIPTE08.pdf [letzter Zugriff: 08.01.2018]

Krapp, A. & Weidenmann, B. (2001): Pädagogische Psychologie; Weinheim, Basel: Beltz

Kross, E. (1996): Tragfähigkeit – Zukunftsfähigkeit. In: Geographie heute, 17. Jg., H. 146, S. 4 – 9

Landeselternvertretung der Gymnasien im Saarland (2017): Stellungnahme zum Landeskonzept „Medienbildung in saarländischen Schulen"; Online unter: http://lev-gymnasien.de/seite/2/levsaarland/2017/06/2017-1-Stellungnahme-Digitalisierung.pdf
[letzter Zugriff: 08.01.2018]

Levin, J. R., Anglin, G. J., & Carney, R. N. (1987): On empirically validating fuctions of pictures in prose. In: Willows, D. M. & Houghton, H. A. (Hrsg.): The psychology of illustration. Vol. I Basic Research, S. 51 – 85; New York: Springer

Maletzke, G. (1998): Kommunikationswissenschaft im Überblick: Grundlagen, Probleme, Perspektiven; Opladen: Westdeutscher Verlag

Mayer, R. E. (2001): Multimedia Learning. Cambridge: University Press mebis Landesmedienzentrum Bayern (o. J.): Digitale Medien im Geographieunterricht; München: Bayerisches Staatsministerium für Bildung und Kultus, Wissenschaft und Kunst; Online unter: https://www.mebis.bayern.de/infoportal/faecher/gesellschaft-und-wirtschaft/geographie/digitale-medien-im-geographieunterricht-2/ [letzter Zugriff: 08.01.2018]

Media Literacy Lab (2013): Gute Apps für Kinder – Kriterienkatalog zur Bewertung von Apps für Kinder; Mainz: AG Medienpädagogik des Institut für Erziehungswissenschaft der Johannes-Gutenberg-Universität Mainz; Online unter: https://medialiteracylab.de/wp-content/uploads/2013/06/Kriterienkatalog-Version-1.01.pdf [letzter Zugriff: 08.01.2018]

Meyer, H. (1994): Unterrichtsmethoden I und II: Theorieband / Praxisband; Frankfurt a. M.: Cornelsen

Meyer, H. (2002): Einführung in die Schulpädagogik; Berlin: Cornelsen

Meyer, T. (1997): Prinzipien der Umwelterziehung. Zur Beachtung der Prinzipien bei der Unterrichtsplanung und -gestaltung. In: Zeitschrift für den Erdkundeunterricht, 49. Jg., H. 4, S. 146 – 153

Middendorf, W. (2017): Pädagogischer Mehrwert? Digitale Medien in Schule und Unterricht – eine Einführung. In: Fischer, C. (Hrsg.): Pädagogischer Mehrwert? Digitale Medien in Schule und Unterricht; Münster, New York: Waxmann

Oxford University Press: Virtual Reality; Oxford; Online unter: https://en.oxforddictionaries.com/definition/virtuareality/ [letzter Zugriff: 08.01.2018]

Pestalozzi, J. H. (1801): Wie Gertrud ihre Kinder lehrt

Peterssen, W. H. (1999): Kleines Methoden-Lexikon; München: Oldenbourg

Rasche, J. (2009): Alltagsoffene Medienpädagogik in der Schule. Untersuchung zu regionalen Bedingungen und praktischer Realisierung; Kassel: kassel university press

Reglin, T., Mair, D. & Fietz, G. (2006): Studie zu den Potenzialen von E-Learning-/ Blended Learning-Lösungen; Nürnberg: Forschungsinstitut betriebliche Bildung

Reinmann-Rothmeier, G. (2003): Vom selbstgesteuerten zum selbstbestimmten Lernen. In: Pädagogik, Jg. 2003, H. 5

Reinmann, G. & Häuptle, E. (2006): Notebooks in der Hauptschule. Eine Einzelfallstudie zur Wirkung des Notebook-Einsatzes auf Unterricht, Lernen und Schule. Abschlussbericht; Augsburg: Universität Augsburg, Philosophisch-Sozialwissenschaftliche Fakultät

Reschke, J. (o. J.): VR in der Schule - geht das überhaupt?; Online unter: http://www.vrinderschule.de/vr-in-der-schule-geht-das-uberhaupt/ [letzter Zugriff: 08.01.2018]

Reuber, P. & Pfaffenbach, C. (2005): Methoden der empirischen Humangeographie; Braunschweig: Westermann

Rheinberg (2004): Motivation; Stuttgart: Kohlhammer

Rheinberg & Krug (2005): Motivationsförderung im Schulalltag; Göttingen: Hogrefe

Riedl, A. (2004a): Didaktik der beruflichen Bildung; Stuttgart: Steiner

Riedl, A. (2004b): Grundlagen der Didaktik; Stuttgart: Steiner

Ringel, G. (2012): Einsatz von Medien. In: Haversath, J.-B. (Moderator): Geographiedidaktik. Theorie – Themen – Forschung; Braunschweig: Westermann

Rinschede, G. (1999): Anschauung. In: Böhn, D. (Hrsg.): Didaktik der Geographie – Begriffe, S. 10; München: Oldenbourg

Rinschede, G. (2007): Geographiedidaktik; Paderborn: Schöningh

Sächsisches Bildungsinstitut (2012): Leitfaden kompetenzorientierter Unterricht; Dresden

Sächsisches Staatsministerium für Kultus (2009): Lehrplan Mittelschule – Geographie; Dresden

Schaumburg, H., Prasse, D. Tschakert, K. & Blömeke, S. (2007): Lernen in Notebook Klassen. Endbericht zur Evaluation des Projekts „1000mal1000: Notebooks im Schulranzen"; Bonn; Online unter: http://www.kranich-gymnasium.de/notebook/n21evaluationsbericht.pdf [letzter Zugriff: 08.01.2018]

Scheuch (2003): Sozialer Wandel: Band 1: Theorien des sozialen Wandels; Wiesbaden: Westdeutscher Verlag

Schleicher, Y. (2012): Zur Bedeutung von digitalen Medien. In: Haubrich, H. (Hrsg.): Geographie unterrichten lernen – Die neue Didaktik der Geographie konkret; München, Düsseldorf, Stuttgart: Oldenbourg

Schulmeister, R. (1996): Grundlagen hypermedialer Lernsysteme. Theorie. Didaktik. Design; Bonn: Oldenbourg

Schulmeister, R. (2003): Lernplattformen für das virtuelle Lernen: Evaluation und Didaktik. München: Oldenbourg

Schulz, L. (2013): Ein Programm für alle. In: didacta-magazin, Jg. 2013, H. 3, S. 28 - 31; Online unter: https://de.bettermarks.com/wp-content/uploads/website/didacta_0313_S28-31_Adaptive-Lernsysteme.pdf [letzter Zugriff: 08.01.2018]

Schulz-Zander, R. (2005): Innovativer Unterricht mit Informationstechnologien – Ergebnisse der SITES M2. Schulentwicklung und Schulwirksamkeit; Weinheim: Beltz

Seeber (2004): Strategien selbstorganisierten Lernens bei berufstätigen Studierenden. Ausgewählte Ergebnisse einer empirischen Untersuchung und didaktische Folgerungen; Lahr: Diskussionspapier der Wissenschaftlichen Hochschule Lahr

Spanhel, D. (2006): Medienerziehung. Erziehungs- und Bildungsaufgaben in der. Mediengesellschaft. In: Dichanz, H. et al. (Hrsg.): Handbuch Medienpädagogik, Band 3; Stuttgart: Klett-Cotta

Spanhel, D. & Tulodziecki, G. (2001): Rahmenkonzept für Neue Medien im Lehramtsstudium: Basis- und Zusatzqualifikation. In: Bentlage, U. & Hamm, I. (Hrsg.): Lehrerbildung und Neue Medien. Erfahrungen und Ergebnisse eines Hochschulnetzwerkes; Gütersloh: Bertelsmann

Spannnagel, C. (2017): Flipped Classroom: Den Unterricht umdrehen? In: Fischer, C. (Hrsg.): Pädagogischer Mehrwert? Digitale Medien in Schule und Unterricht; Münster, New York: Waxmann

Standop, J. & Jürgens, E. (2015): Unterricht planen, gestalten und evaluieren; Bad Heilbrunn: Klinkhardt

Steindorf, G. (2000): Grundbegriffe des Lehrens und Lernens; Bad Heilbrunn: Klinkhardt

Steinmaurer (2003): Medialer und gesellschaftlicher Wandel. Skizzen zu einem Modell. In: Behmer, Krotz, Stöber & Winter (Hrsg.): Medienentwicklung und sozialer Wandel. Beiträge zu einer theoretischen und empirischen Herausforderung; Wiesbaden: Springer Fachmedien Wiesbaden

Stonjek, D. (1997): Aufgaben von Medien. In: Birkenhauer, J. (Hrsg.): Medien: System und Praxis, S. 9 – 22; München: Oldenbourg

Sweller, J. (2005): Cognitive Load Theory and Complex Learning: Recent Developments and Future Directions. In: Educational Psychology Review, 17. Jg., H. 2, S. 147 – 178

Tutty, J. & White, B. (2006): Tablet classroom interactions. From the Eight Australian Computing Education Conference (ACE 2006); Hobart, Australia

Weidenmann, B. (2002): Multicodierung und Multimodalität im Lernprozess. In: Issing, L & Klimsa, P. (Hrsg.): Information und Lernen mit Multimedia und Internet, S. 45-64; Weinheim: Beltz

Weidenmann, B. (2006): Lernen mit Medien. In: Krapp, A. & Weidenmann, B. (Hrsg.): Pädagogische Psychologie, S. 423 – 476; Weinheim, Basel: Beltz

Vigdor, J., Ladd, H. and Martinez, E. (2014): Scaling The Digital Divide: Home Computer Technology And Student Achievement. In: Economic Inquiry, 52. Jg., H. 3, S. 1103 - 1119

Zimbardo, P. G. & Gerrig, R. J. (1999): Psychologie; Berlin: Springer

Zimmer, G. (2009): Bildung mit E-Learning. In: Mikuszeit, B. & Szudra, U. (Hrsg.): Multimedia und ethnische Bildung – E-Learning – Ethik – Blended Learning; Frankfurt a. M.: Lang